Agradecimento

À Universidade de São Paulo, em especial, a Escola Superior de Agricultura "Luiz de Queiroz", por possibilitar o desenvolvimento dos experimentos ao longo de todos esses anos de dedicação à pesquisa.

Às diferentes agências de fomento e pesquisa, Fundação de Amparo à Pesquisa no Estado de São Paulo (FAPESP – Processos: 03/05563-1; 06/54926-8; 12/25315-1; 12/25315-1; 16/00118-0), Conselho Nacional de Desenvolvimento Científico e Tecnológico (CNPQ), Coordenação de Aperfeiçoamento Profissional de Nível Superior (PNPD CAPES - 001) pelo financiamento das pesquisas.

À Profa. Dra. Beatriz Appezzato da Glória pelo incentivo, confiança e exemplo. Seus comentários feitos ainda nos estágios embrionários dessa obra possibilitaram o surgimento de um texto arrojado, maduro e factível de publicação. Agradecemos ainda pela oportunidade de conduzir a maior parte das técnicas em experimentos no laboratório de Anatomia Vegetal da ESALQ (LanVeg), sob sua orientação. Ademais, é com honra e gratidão que recebemos da Professora Beatriz o prefácio da presente obra.

Ao Prof. Dr. Elliot Watanabe Kitajima pelo exemplo de profissionalismo e constante incentivo e estímulo no estudo da histopatologia vegetal.

Aos Professores Dra. Maria Lucia Carneiro Vieira (Depto. Genética, ESALQ) e Dr. Hudson Wallace Pereira de Carvalho (DVETEC, CENA) pela confiança e liberdade de permitir que essa obra fosse conduzida paralelamente ao Pós-Doutorado do Dr. João Paulo. Os autores ainda agradecem a Profa. Lilian Amorim e o Prof. Marcel Bellato Spósito pelo constante suporte em projetos de pesquisas financiados pela FAPESP e CNPQ.

Aos Centros de Microscopia Eletrônica da ESALQ, do Instituto de Biociências da UNESP de Botucatu, e da Faculdade de Odontologia de Piracicaba (FOP), UNICAMP, pelo suporte técnico para o desenvolvimento dos protocolos para microscopia eletrônica de transmissão.

João Paulo agradece a esposa Aricelis, a mãe Maria Inês, o seu pai Luiz (*in memorian*) e seu irmão Luiz Eduardo pelo suporte e constante incentivo ao longo de toda a trajetória acadêmica. Marli agradece o esposo Osvaldo e aos filhos Guilherme e Isadora pelos momentos felizes e principalmente, nas horas difíceis.

Manual de Técnicas Aplicadas à Histopatologia Vegetal

Dr. João Paulo Rodrigues Marques

Centro de Energia Nuclear na Agricultura

Universidade de São Paulo

Ms. Marli Kasue Misaki Soares

Escola Superior de Agricultura Luiz de Queiroz

Universidade de São Paulo

FEALQ

Av. Centenário, 1080
13416-000. Piracicaba, SP, Brasil

Fone: 19-3417-6609
livros@fealq.org.br
ww.fealq.org.br

Catalogação na Publicação
DIVISÃO DE BIBLIOTECA – DIBD/ESALQ/USP

Marques, João Paulo Rodrigues

Manual de técnicas aplicadas à histopatologia vegetal / João Paulo Rodrigues Marques e Marli Kasue Misaki Soares. - - Piracicaba : FEALQ, 2021.

140 p. : il.

ISBN: 978-65-89722-02-1

1. Histopatologia vegetal 2. Tecidos vegetais 3. Técnicas microscópicas 4. Manual de laboratório I. Soares, M. K. M. II. Titulo

CDD 581.828

Elaborada por Maria Angela de Toledo Leme - CRB-8/3359

As revisões técnicas, ortográficas, de digitação e ordenação de cada parte desta Obra são de responsabilidade de seu(s) respectivo(s) autore(s).

Prefácio

Para entender a concepção desta obra é necessário saber um pouco da trajetória dos seus autores, que conheci em diferentes momentos da minha vida profissional: a Ms. Marli Kasue Misaki Soares, quando eu ainda era recém-doutora na área de Anatomia Vegetal, e o Dr. João Paulo Rodrigues Marques, quatro anos antes de me tornar Professora Titular na Escola Superior de Agricultura Luiz de Queiroz (ESALQ).

A Marli, formada em Farmácia, em 1991, pela Universidade Metodista de Piracicaba (UNIMEP), foi aprovada no concurso para a vaga de técnica do laboratório de Anatomia Vegetal (LanVeg) da ESALQ, em 1994. Desde então, é a técnica responsável pelo LanVeg, tendo concluído, em 2013, o Mestrado em Fisiologia e Bioquímica de Plantas, na ESALQ. Trata-se de uma profissional que ama o que faz e, portanto, desenvolve o seu trabalho com entusiasmo, seriedade e muita dedicação, sempre procurando aperfeiçoar seus conhecimentos na área.

Conheci o João Paulo em setembro de 2002, quando ele ainda era aluno do primeiro ano do curso de Biologia da UNIMEP. De 2002 a 2012, sob a minha orientação, foi bolsista da FAPESP, na Iniciação Científica, no Mestrado e no Doutorado. Seus estudos sempre abordaram a Histopatologia da interação planta-patógeno, tendo continuado nessa mesma linha de pesquisa no Pós-doutorado, sob a supervisão da professora Maria Lúcia Carneiro Vieira do departamento de Genética da ESALQ. Destaco que, desde a iniciação científica, o João Paulo sempre se interessou por técnicas histológicas, pesquisando a literatura e propondo novas metodologias.

A capacitação científica dos autores e os anos de convivência no LanVeg permitiram a troca de ideias e de experiências laboratoriais que levaram à elaboração deste excelente **Manual de Técnicas Aplicadas à Histopatologia Vegetal**.

O Manual foi cuidadosamente elaborado com descrições detalhadas de métodos de preparo de amostras para análises ao microscópio de luz, de epifluorescência e eletrônico de transmissão. As ilustrações são de excelente qualidade e auxiliam o leitor na interpretação dos resultados esperados com as metodologias empregadas.

No preparo convencional de amostras, são ilustrados os planos de corte e explicados os procedimentos de fixação, desidratação, embebição, seccionamento, coloração e montagem de lâminas para microscopia. O preparo de soluções fixadoras, corantes e reagentes é detalhadamente descrito, bem como a finalidade do emprego de cada um deles.

Trata-se de uma obra inédita, cujo grande diferencial em relação a outros livros de técnicas está relacionado ao conjunto de procedimentos voltados às análises histopatológicas, algumas delas também inéditas. São descritas técnicas para análises de rotina, de imunocitoquímica, além de técnicas rápidas, eficientes e de baixo custo para a detecção de fungos.

O Manual será muito útil aos estudantes e profissionais de diferentes especialidades e não poderá faltar nos laboratórios daqueles que se dedicam a estudar as interações planta-patógeno.

Dra. Beatriz Appezzato da Glória

Professor Titular (MS-6)

Departamento Ciências Biológicas

ESALQ, Universidade de São Paulo

Sumário

Introdução ... 9

Preparo Convencional de Amostras ... 11

COLETA E SUBDIVISÃO DO MATERIAL ... 11

FIXAÇÃO ... 13

FIXADORES ... 14

SOLUÇÕES FIXADORAS ... 18

DESIDRATAÇÃO ... 25

MEIOS DE EMBEBIÇÃO PARA MICROSCOPIA DE LUZ ... 27

MEIOS DE EMBEBIÇÃO PARA MICROSCOPIA ELETRÔNICA ... 35

SECCIONAMENTO ... 37

MICROSCOPIA ELETRÔNICA DE TRANSMISSÃO ... 43

Técnicas Voltadas a Análises Histopatológicas ... 46

ANÁLISE DE ROTINA ... 46

IMUNOHISTOQUÍMICA ... 49

ALTERAÇÕES NA CUTÍCULA E NA PAREDE CELULAR ... 53

ANÁLISES DAS ALTERAÇÕES NO METABOLISMO SECUNDÁRIO ... 64

DETECÇÃO DE COMPOSTOS FENÓLICOS ... 64

DETECÇÃO DE FLAVONÓIDES ... 69

DETECÇÃO DE TERPENOS ... 71

DETECÇÃO DE ALCALÓIDES ... 75

DETECÇÃO DE PROTEÍNAS E LIPÍDEOS ... 78

DETECÇÃO DE CARBOIDRATOS ... 82

DETECÇÃO DE ESTRUTURAS CRISTALINAS ... 84

DETECÇÃO DE ESPÉCIES REATIVAS DE OXIGÊNIO 85

DIAFANIZAÇÃO DOS TECIDOS APÓS REAÇÃO COM DAB OU NBT 89

Detecção de fungos 90

MICROSCOPIA DE LUZ 90

MICROSCOPIA ELETRÔNICA 106

Detecção de bactérias 115

MICROSCOPIA DE LUZ 115

MICROSCOPIA ELETRÔNICA 119

Detecção de vírus 121

MICROSCOPIA DE LUZ 121

MICROSCOPIA ELETRÔNICA 127

Referências 131

1

Introdução

As plantas são constantemente desafiadas por diferentes microrganismos que tentam se beneficiar dos nutrientes e abrigo que os tecidos vegetais podem fornecer. De modo geral, a resistência é a regra e a doença a exceção (Agrios 2005, Pascholati 2011). A resistência pode ser qualitativa ou quantitativa e está diretamente ligada a um intrincado mecanismo de percepção, processamento do sinal e resposta de defesa com diferentes vias de sinalização, expressão gênica, síntese e atividade proteica culminando com alterações estruturais e bioquímicas de modo a conter a infecção ou atrasar a colonização (Camargo 2011, Pascholati 2011). Do ponto de vista histopatológico, a defesa pode ocorrer pela presença de caracteres estruturais e bioquímicos constitutivos (pré-formados ou passivos) ou induzidos (pós-formados ou ativos) que ocorrem em diferentes momentos da interação entre planta e patógeno (Pascholati 2011; Marques et al. 2018).

Apesar dos contínuos esforços no entendimento da resistência vegetal nos diferentes patossistemas, a defesa do vegetal nem sempre é analisada sob o ponto de vista histológico. Além das alterações nos tecidos vegetais, os estudos histopatológicos também têm por finalidade evidenciar as estruturas e a localização dos organismos fitopatogênicos fornecendo valiosos detalhes do processo de penetração e colonização. Para tanto, distinguir o patógeno das células vegetais tem sido um assunto de ampla utilidade no meio acadêmico e aqui serão apresentados alguns métodos que possibilitam o distinguir os patógenos das estruturas celulares vegetais em microscopia de campo claro, fluorescência e eletrônica. Ressalta-se ainda que a análise da interação planta–patógeno e das barreiras bioquímicas e estruturais requerem o uso de diferentes instrumentos e técnicas que podem ser simples e rápidos, no caso de uma análise preliminar, ou técnicas mais elaboradas e que requerem a utilização de instrumentos mais sofisticados e de treinamento prévio.

Uma importante recomendação refere-se a analisar minuciosamente os sintomas da doença em estudo, ou seja, compreender as diferenças estruturais entre os tecidos lesionados e os tecidos adjacentes. O trabalho de Marques et al. (2010) pode vir a ser um modelo a ser seguido ao longo da análise, pois os autores investigaram as lesões de folhas e frutos infectados pelo vírus da leprose dos citros com enfoque nas diferentes características histopatológicas de cada setor da lesão.

Ao longo desta obra são descritas diferentes técnicas em campo claro, fluorescência e microscopia eletrônica destacando a importância da escolha dos procedimentos de acordo com a necessidade e recursos disponíveis ao pesquisador. Acrescenta-se que esse Manual de Técnicas não visa investigar o funcionamento dos diferentes tipos de microscópios, mas sim nortear o estudante e pesquisador na busca pelos melhores procedimentos para investigar o fenômeno biológico do estresse biótico no vegetal. Os códigos dos reagentes ou corantes são fornecidos como índices colorimétricos (C.I.) ou número CAS (American Chemical Society - www.cas.org). Alguns métodos foram desenvolvidos no Laboratório de Anatomia Vegetal (LanVeg) da ESALQ/USP e outros baseados na literatura.

2

Preparo Convencional de Amostras

COLETA E SUBDIVISÃO DO MATERIAL

A coleta de material para o preparo de lâminas histopatológicas é de grande importância. Nessa etapa deve haver o cuidado de evitar que os tecidos com sintomas das doenças sejam alterados pela manipulação do material (p. ex. pinças).

Além do material infectado, sempre deve ser coletado material controle, sem sintomas, a fim de comparar as alterações. Considera-se etapa essencial haver um controle mais próximo ao tecido sadio, sem lesões ou sintomas de estresse. O número de repetições é essencial. Sugere-se que sejam coletadas, no mínimo, de três a quatro amostras de tecidos com sintomas e controle.

O material deve ser identificado, anotando o nome da espécie, data e local da coleta e nome do coletor. Após a coleta, o ideal é colocar imediatamente na solução fixadora. Se isto não for possível, as amostras devem ser mantidas em um local úmido pelo menor tempo possível, dentro de saco plástico umedecidos e, se necessário, reidratadas antes da fixação.

O ponto crucial na coleta é saber separar as amostras de acordo com plano de secção (Figura 1). Essa questão deve estar diretamente associada com o seu objeto de estudo, por exemplo, para confirmar a presença de canais secretores (Marques et al. 2010) ou a presença de tilos ao longo de elementos de vaso do xilema devem ser realizadas secções longitudinais além das secções transversais.

Figura 1. Planos de corte para coleta de material botânico. Corte transversal e corte longitudinal de folhas e caules.

FIXAÇÃO

A fixação é a etapa mais importante do processamento das amostras, pois nela acontece a morte celular, preservando o tecido o mais próximo possível das condições vitais. Assim, o sintoma histopatológico pode ser analisado corretamente sem a interferência de falhas na técnica (artefatos) oriundos de preparo do material. Caso essa etapa seja realizada sem cuidados é provável que haja descolamento de membrana plasmática e consequente plasmólise, sendo um fenômeno indesejado para as análises histopatológicas.

O ideal é que se trabalhe com amostras pequenas (até $1cm^2$ para microscopia de luz e até $3mm^2$ para microscopia eletrônica de transmissão), que facilitem a penetração do fixador, o qual deve ser selecionado para o material e técnica que se deseja realizar. A regra é quanto menor melhor!

Para microscopia eletrônica recomenda-se cortar a amostra em uma gota do fixador, preferencialmente sobre uma placa de cera de dentista e em capela de exaustão (Figura 2A). Após a remoção da porção do tecido de interesse de seu órgão de origem, a amostra é colocada em frasco contendo fixador. O volume do fixador deve ser 15 a 20 vezes o tamanho da amostra conforme indicado na Figura 2. As amostras requerem a utilização de um dessecador acoplado a uma bomba a vácuo para retirada do ar dos tecidos vegetais, facilitando a penetração do fixador. Essa etapa é crítica. Caso seja feita sem o devido cuidado a amostra acumulará ar e assim o fixador não terá acesso aos tecidos mais ao centro da estrutura, promovendo danos estruturais aos tecidos quando forem seccionados.

Aqui cabe uma regra: tecidos mal fixados geram resultados

ruins que influenciam negativamente na descrição histopatológica.

Figura 2. Etapas da fixação de amostras visando análises ao microscópio de luz e eletrônico. A. Subdividir em pequenos fragmentos de 10 a 12 mm^2 em cima de uma placa de cera de dentista. As setas indicam que a amostra vegetal pode permanecer em gota contendo água destilada ou tampão (cabeça de seta) e depois colocada dentro de frascos com fixador (seta). B. Amostras são submetidas ao vácuo. C. A fixação estará concluída quando as amostras afundarem no fixador (seta).

FIXADORES

Além da fixação química com o uso de álcoois, aldeídos ou ácido acético, a fixação pode ser física como, por exemplo, com o uso da criofixação e secagem ao ar. Cada modo de fixação tem seu propósito e depende do parque de equipamentos e recursos disponíveis. Nesse contexto, optou-se por apresentar apenas a fixação química devido à sua ampla utilização e acesso a recursos. Estão listados abaixo aqueles que são usados rotineiramente para as análises histopatológicas:

FAA (Formaldeído, Ácido Acético e Álcool Etílico).

É um dos fixadores mais usados em anatomia vegetal. Este fixador pode endurecer o material quando a amostra permanecer na solução por muito tempo.

Etanol (álcool etílico) - CAS 64-17-5

É um fixador mais eficiente quando combinado com formaldeído ou clorofórmio e ácido acético do que quando utilizado sozinho.

Acetato de uranila - CAS 6159-44-0

O acetato de uranila é comumente utilizado no processo de contrastação de secções ultrafinas para microscopia eletrônica de transmissão. No caso do uso do acetato de uranila utilizado *in bloco,* geralmente no processo de pós-fixação, sua ação se dá ao grupo fosfato de diversas moléculas como ácidos nucleicos e fosfolipídeos (Huxley & Zubay 1961). De acordo com Sesso (2011), na presença de fosfato e cacodilato a uranila precipita. Logo, deve-se ter o cuidado de lavar bem as amostras em água destilada se a etapa anterior tenha sido a pós-fixação das amostras com tetróxido de ósmio diluído em tampão fosfato ou cacodilato.

Ácido Acético - CAS 64-19-7

Este ácido é um dos componentes mais usados em fixadores, pois infiltra e endurece rapidamente os tecidos e também possui tendência de promover turgescência do citoplasma neutralizando o efeito plasmolisante de outros reagentes como o ácido crômico, etanol e formalina.

Aldeídos

Diferentes combinações de aldeídos e tampões são utilizadas como fixadores primários. Estas soluções apresentam diferentes velocidades de penetração nos tecidos, preservando estruturas proteicas e estabilizando nucleoproteínas. Os fixadores aldeídos mais usados são o formaldeído e glutaraldeído.

Formaldeído - CAS 50-00-0

É o fixador mais usado em histopatologia, tanto sozinho como misturado com outros fixadores, sendo que o fixador tamponado é superior. Alguns fatores podem interferir na qualidade da fixação, tais como a velocidade de penetração nos tecidos, pH e temperatura. Por ser uma molécula menor, a velocidade de penetração do formaldeído é de 5 a 10 vezes maior que a do glutaraldeído e do tetróxido de ósmio. Esse fator deve ser levado em conta quando selecionar o tamanho da amostra a ser fixada.

O paraformaldeído é o formaldeído livre de metanol. É um pó branco moderadamente solúvel em água.

Glutaraldeído - CAS 111-30-8

Devido ao seu tamanho molecular e propriedade de se ligar às proteínas, este reagente penetra mais lentamente que o formaldeído. Porém, ele confere uma melhor estabilização dos componentes celulares e tecidos devido à natureza dialdeídica e também por realizar ligações cruzadas com as proteínas.

Tetróxido de ósmio - CAS 20816-12-0

É utilizado como pós-fixador, principalmente para tornar as substâncias lipídicas insolúveis na passagem por desidratação (Santos et al 2007). Ele possui uma baixa taxa de penetração de cerca de dois milímetros de profundidade e, portanto, deve ser aplicado em amostras pequenas, como é o caso da microscopia eletrônica de transmissão. Ressalta-se aqui que esse reagente é muito tóxico e volátil, devendo sempre ser manipulado em capela de exaustão, portando luvas e jaleco de manga longa.

SOLUÇÕES FIXADORAS

MICROSCOPIA DE LUZ

Carnoy (Berlyn & Miksche, 1976)

Reagentes:

Etanol 100% ....600 ml

Ácido acético glacial ....100 ml

Clorofórmio .... 300 ml

FAA – Formaldeído, ácido acético glacial e álcool etílico (Berlyn & Miksche 1976, p. 30)

Reagentes:

Etanol 95% .... 90 ml

Água destilada ....35 ml

Ácido acético glacial ....5 ml

Formaldeído 37% ....10 ml

FAA (Johansen 1940, p. 41)

Reagentes:

Etanol 50% ou 70% .... 90 ml

Ácido acético glacial .... 5 ml

Formaldeído 37% .... 5 ml

- -

FPA – Formaldeído, ácido propiônico e etanol (Berlyn & Miksche 1976, p. 30)

Reagentes:

Etanol 95% .... 50 ml

Água destilada ....35 ml

Ácido propiônico .... 5 ml

Formaldeído ....10 ml

- -

Solução de Karnovsky - Adaptada (Karnovsky 1965)

Por ser uma solução fixadora complexa ela é constituída por cinco etapas. Orginalmente essa solução utiliza tampão cacodilato de sódio, mas ela foi substituída por tampão fosfato por este ser menos tóxico que o cacodilato. Nossa experiência de mais de duas décadas demonstra não haver problema na substituição do tampão. Porém, deve-se evitar o uso do tampão fosfato em microscopia eletrônica de transmissão.

Etapa 1 - Hidróxido de sódio 40%

Reagentes:

Hidróxido de sódio...4 g (4 pastilhas)

Água destilada, completar até .... 10 ml

Preparo:

Acrescentar o hidróxido de sódio aos poucos na água, tomando o cuidado de nunca inverter a ordem.

Etapa 2 - Formaldeído 4%

Reagentes:

Paraformaldeído .... 8 g

Hidróxido de sódio 40% .... 5-8 gotas

Água destilada .... 200 ml

Preparo:

Adicionar 8g de paraformaldeído em 200 ml de água destilada aquecida a 60ºC e manter estabilizada nesta temperatura durante todo o processo. Em seguida, acrescentar algumas gotas de hidróxido de sódio 40% (+/- 8 gotas) até o líquido ficar translúcido e agitar até dissolver todo o paraformaldeído.

Etapa 3 - Tampão fosfato 0,2M - pH 7,4

Reagentes:

Solução A (fosfato de sódio monobásico 0,2 M)

Fosfato de sódio monobásico monohidratado ....6,9 g

Água destilada, completar até ....250 ml

Solução B (fosfato de sódio bibásico 0,2 M)

Fosfato de sódio dibásico anidro ....14,2 g

Água destilada, completar até ....500 ml

Preparo:

Verificar o pH da solução A e ajustar o pH para 7,4 com a solução B.

Etapa 4 - Glutaraldeído 1% em tampão fosfato 0,1 M pH 7,4

Reagentes:

Glutaraldeído 25% ....20 ml

Tampão fosfato 0,2 M, pH 7,2 ....240 ml

Água destilada ....240 ml

Volume final ....500 ml

Preparo:

Juntar a água destilada e o tampão fosfato 0,2M e depois acrescentar o glutaraldeído.

Etapa 5 - Glutaraldeído, formaldeído, tampão fosfato, 5:3:2 (v/v)

Reagentes:

Glutaraldeído 1% em tampão fosfato 0,1M. pH 7,4 ....500 ml

Tampão fosfato 0,2M, pH 7,4 ....300 ml

Formaldeído 4% ....200 ml

Observação: Conservar o fixador na geladeira em frasco escuro, fechado e identificado. O pH da solução na etapa 5 é 7,2.

Etapa 6 - Formaldeído 4% tamponado – ph 7,2 (Kraus & Arduin 1997)

Reagentes:

Paraformaldeído... 8 g

Hidróxido de sódio 40% ....5-8 gotas

Água destilada ....100 ml

Tampão fosfato 0,2M - pH 7,4 ....100 ml

Preparo:

Seguir a etapa 2 da solução de Karnovsky. Acrescentar o tampão fosfato (modo de preparo, olhar a etapa 3 da solução de Karnovsky).

MICROSCOPIA ELETRÔNICA

Glutaraldeído em tampão cacodilato

Etapa 1: Preparo do tampão cacodilato

Reagentes:

Cacodilato de sódio ....4,28 g

Água destilada q.s.p. (quantidade suficiente para) ....100 ml

Preparo:

Dissolver o cacodilato de sódio na água destilada. Para acertar o pH da solução, colocar HCl 0,2N até atingir o pH 7,25.

Etapa 2: Preparo do fixador

Reagentes:

Glutaraldeído 25% (ampola)..10 ml

Tampão cacodilato de sódio 0,2M em pH 7,25 ....20,8 ml

Água destilada ....52,5 ml

Solução total .... 83,3 ml

Observação: O glutaraldeído é armazenado em frasco de vidro âmbar no refrigerador. Na hora do uso esperar descongelar. Recomenda-se armazenar a ampola na geladeira (4 ºC) *"overnight"* antes de utilizar para que descongele com tempo. Tomar cuidado, pois é tóxico.

Tetróxido de ósmio tamponado (OsO_4)

Etapa 1: Preparo da solução mãe 2% - Produto tóxico!

Preparo:

Para dissolver os cristais de tetróxido de ósmio deve-se quebrar a ampola dentro de um frasco âmbar com água destilada, previamente fervida, em temperatura ambiente. Esperar mais ou menos 15 a 24 horas antes de usar.

Observação:

Guardar em lugar seco e bem ventilado. Não guardar os frascos na geladeira, pois os vapores podem escurecer seu interior. Se a solução se tornar escura deve ser descartada.

Etapa 2: Diluição para utilização

Na hora de fixar as amostras diluir em tampão cacodilato 0.1M pH 7,2(1:1).

Acetato de uranila

Reagentes:

Sacarose ....13,3 g

Acetato de uranila ....0,5 g

Água destilada...100 ml

Preparo:

Dissolver a sacarose na água destilada e depois acrescentar o acetato de uranila.

Observação: Trabalhar com muito cuidado, pois é um produto radioativo. A solução de acetato de uranila deve ser conservada na geladeira e no escuro. Sempre utilizar luva e capela de exaustão.

DESIDRATAÇÃO

Etanol e xilol

Como os meios de embebição não aceitam ou aceitam pouca água, é necessário substituir a água contida nos tecidos com agentes desidratantes, tais como o etanol, acetona ou butanol.

Usos: Materiais incluídos em parafina

Procedimento:

1) Após a fixação, as amostras podem passar diretamente para etanol 70% (4 horas) e seguir a desidratação em etanol 80%, 90% e 100%

(2 horas) que deve ser passada pelo menos duas vezes em cada concentração de etanol.

2) Na terceira troca de etanol, pingar algumas gotas de eritrosina + óleo de cravo (30 minutos).

3) Em seguida, devem ser transferidas em misturas progressivas de etanol e xilol nas proporções de 3:1, 1:1 e 1:3, xilol puro e finalmente para o xilol e clorofórmio na proporção 9:1 com o frasco vedado (2 horas).

Observação:

O processo de troca do etanol pelo xilol é denominado diafanização e é necessário para que possa haver a penetração da parafina nos tecidos, pois esta é insolúvel no etanol. Nesta fase, é imprescindível que se trabalhe na capela de exaustão ou pelo menos em um local com abundante ventilação e longe de chamas, devido à alta toxidade e inflamabilidade do xilol. Deve-se também evitar ao máximo o contato deste com a pele.

- -

Etanol

Usos: Materiais incluídos em historesina e imunomarcação (LR-White).

Procedimento:

Para infiltrar as amostras em **historesina**, a desidratação é feita com etanol em ordem crescente (10, 20, 30, 40, 50, 60, 70, 80, 90, 100, 100%) em temperatura ambiente, 10 -15 minutos por etapa. Caso as amostras já estiverem no etanol 70%, é só seguir a partir dessa concentração. Amostras grandes podem ser submetidas à desidratação sob bomba de vácuo. Caso haja necessidade as amostras podem ser mantidas em álcool 70% por semanas ou meses.

Para imunomarcação utiliza-se a série crescente em etanol (30, 50, 70, 90, 100, 100%). Soluções

Acetona

Usos: Materiais incluídos em Spurr.

Procedimento:

Para a embebição em resinas, epóxi como é o caso da Spurr, a desidratação é feita em acetona (30, 50, 70, 90, 100, 100%) por 15 minutos em cada etapa e em temperatura ambiente.

MEIOS DE EMBEBIÇÃO PARA MICROSCOPIA DE LUZ

Parafina

Existem várias empresas que produzem parafinas para uso na histologia vegetal como a Sigma-Aldrich®, Sinth®, Merck®, dentre outras. Os preços e a qualidade da parafina também variam. A qualidade das secções obtidas em tecidos embebidos em parafina é inferior ao da historesina.

Usos: Análises estruturais e histoquímicas, imuno-histoquímica e hibridização *in situ*.

Procedimento:

1) O frasco contendo as amostras imersas em clorofórmio e xilol deve ser colocado na estufa de 35 ºC para ir acrescentando raspas de parafina todos os dias durante ± 20 dias.

2) O próximo passo é a transferência dos frascos para a estufa de 57ºC, onde ocorre a completa dissolução da parafina. Realizam-se então três ou quatro trocas parciais, a cada 4 horas, quando é descartado a metade do líquido e acrescido a parafina pura.

3) Seguem-se então as trocas totais de parafina, a cada 4 horas, a fim de descartar toda a parafina com resíduos de xilol e substituir por parafina pura.

4) A confecção do bloco consiste em solidificar a parafina com as amostras, que já devem ficar orientadas para o seccionamento.

5) Os moldes de papel devem ser mergulhados na parafina líquida para que forme uma camada protetora que não grude nas amostras.

6) Aquecer a parafina em banho-maria ou na estufa de 60 ºC para liquefazer, tanto a parafina nova quanto a parafina com as amostras.

7) Encher os moldes com a parafina líquida e transferir as amostras, orientando o material e prendendo-o na parafina que vai solidificando no fundo.

8) Eliminar as bolhas de ar que se formam ao redor das amostras.

Polietilenoglicol (PEG)

Usos: Análises estruturais, histoquímicas, imuno-histoquímica e hibridização *in situ*.

Procedimento:

1) Colocar as pastilhas de PEG em um béquer de 100 ml e levar para a estufa de 60 ºC para derreter.

2) Depois que derreter as pastilhas de PEG, colocar num frasco e deixar a temperatura ambiente até endurecer (Figura 3 - Etapa 1).

3) Em seguida, colocar a amostra e acrescentar a mesma quantidade de água destilada (PEG:Água destilada 1:1) (Figura 3 – Etapa 2).

4) Levar o frasco tampado para uma estufa de 60 ºC, por 24 horas.

5) Decorrido esse tempo, destampar o frasco e deixar por mais quatro dias na estuda de 60 ºC (Figura 3 - Etapa 3).

6) A confecção do bloco consiste em solidificar o PEG com as amostras, que já devem ficar orientadas para o seccionamento.

7) Os moldes de papel devem ser mergulhados no PEG líquido para que forme uma camada protetora que não grude nas amostras.

8) Aquecer o PEG em banho-maria ou na estufa de 60 ºC para liquefazer, tanto o PEG novo quanto o PEG com as amostras.

9) Encher os moldes com o PEG líquido e transferir as amostras, orientando o material e prendendo-o no PEG que vai solidificando no fundo.

10) Eliminar as bolhas de ar que se formam ao redor das amostras.

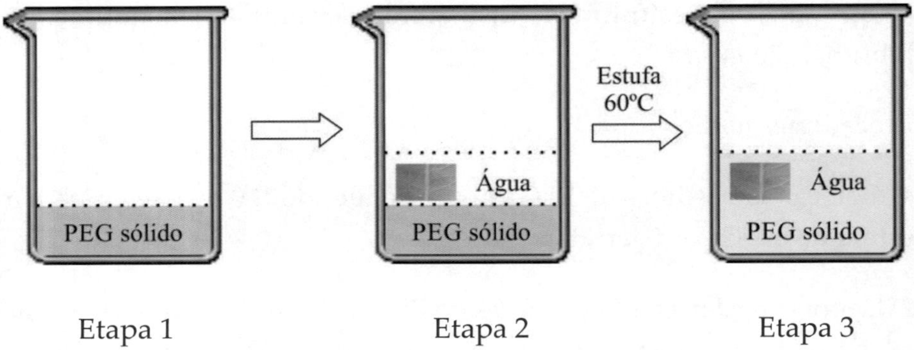

Figura 3. Etapas de embebição com polietilenoglicol (PEG).

Historesina

O uso de glicolmetacrilato para tecidos vegetais foi implantado como meio de embebição em substituição à parafina. Ele confere uma melhor preservação dos tecidos vegetais e estruturas subcelulares quando as amostras são seccionadas no micrótomo e é mais fácil de ser manipulado. Um dos problemas do uso da historesina reside na dificuldade de a resina permear tecidos internos de amostras grandes, esse fato pode ser resolvido com a polimerização da resina à baixa temperatura (Paiva et al. 2011).

Usos: Análises estruturais e histoquímicas.

Reagentes:

Solução A ou solução de infiltração (kit historesina Leica®)

Ativador (envelope) ....0,5 g

Resina básica ....50 ml

Solução B (Preparar somente no momento do uso)

Solução A ....15 ml

Endurecedor (*Hardener*) ....1 ml

Preparo:

1) Dissolver o ativador na resina básica em agitador magnético.

2) Após organizar todo material que vai usar na emblocagem, separar 15 ml da solução A e adicionar 1 ml do endurecedor. Se for utilizar menos do que essa quantidade, fazer na proporção a ser utilizada. Agitar um pouco e logo em seguida utilizar.

Dica: Não se deve pipetar o endurecedor diretamente do frasco. Se por acaso a pipeta estiver suja, pode ser que com o tempo endureça no frasco. O ideal é verter uma pequena quantidade em um Becker de 10 ml e depois pipetar a quantidade necessária. O restante que sobrar no Becker pode descartar, pois sempre sobra.

Procedimento:

1) Logo após a desidratação é feita a **pré-infiltração** transferindo as amostras para solução A e etanol 100% (1:1).

2) Colocar no dessecador acoplado à bomba a vácuo por 5 a 10 minutos.

3) Deixar em rotação no agitador de frascos.

4) Manter os materiais nesta solução por, no mínimo, 2 horas a temperatura ambiente.

5) Decorrido esse tempo, juntar uma quantidade igual à anterior de solução A.

6) Levar novamente ao vácuo por alguns minutos, em rotação, por no mínimo, 2 horas.

7) A **infiltração** é feita removendo todo o líquido do frasco e substituindo por 100% de solução de infiltração. A infiltração estará completa quando as amostras ficarem translúcidas e descerem para o fundo do frasco (em torno de 24 horas). Amostras densas, grandes ou infiltradas em geladeira irão requerer um tempo maior. Levar ao vácuo por alguns minutos em rotação. Essa etapa é crucial. Caso não ocorra infiltração devida, o material ao ser seccionado acaba se desfazendo e compromete a análise. Diferentes tempos de infiltração já foram testados. Algumas amostras exigem dias ou até mesmo semanas (amostras lignificadas). A troca de solução de infiltração é recomendada quando utilizar grandes períodos embebição em resina.

8) A **polimerização** deve ser feita em capela de exaustão, pois há liberação de vapores tóxicos. A solução de polimerização é a solução B.

9) Identificar os moldes, encher os moldes de polietileno (Histomold) com a solução B e colocar os fragmentos de acordo com a orientação desejada. **Dica:** Deixar agitando a solução B, pois assim demora mais para começar a polimerizar. Outro recurso que se utiliza no retardamento da polimerização é colocar o frasco contendo a solução B sob agitação em banho com água e gelo.

10) Deixar para polimerizar por 40-120 minutos em temperatura ambiente (23 a 25 °C) ou levar para a estufa a 37 °C até que o material endureça.

11) Para retirar os blocos contendo o material vegetal, pressionar o fundo do molde para desgrudar e puxar com uma pinça, colar em um bloco de madeira e deixar em um dessecador ou frasco com sílica até o momento do corte.

Observação:

No laboratório de Anatomia Vegetal do departamento de Ciências Biológicas da ESALQ/USP a infiltração e inclusão são feitas com o HistoResin standard kit (glicol metacrilato) da Leica®, mas podem ser utilizadas resinas de outras marcas como a Technovit 7100 (EMS®) seguindo as indicações do fabricante quanto ao preparo.

LR-White (London Resin White)

Esta resina é muito usada em imuno-histoquímica por ser pouco viscosa, com baixa toxicidade. Ela é uma resina miscível em etanol. Por ser uma resina hidrofílica os cortes tendem a descolar das lâminas de vidro, logo é necessário que as lâminas sejam tratadas com uma substância adesiva como Poly-L-Lisine.

Usos: Análises estruturais, histoquímicas, imuno-histoquímica e hibridização *in situ*.

Procedimento:

1) A **infiltração** é feita transferindo as amostras para solução de etanol e LR-White (3:1, 1:1, 1:3, pura). Recomenda-se que as amostras sejam

deixadas no mínimo 3-4 horas em cada etapa e, se possível, submetê-las à bomba de vácuo. Amostras maiores, lignificadas ou com estruturas fúngicas (esporos com parede espessa) demandam mais tempo.

2) A **polimerização** é feita colocando a amostra e a resina numa cápsula de gelatina evitando-se a presença de ar e então destinadas à estufa a 60 ºC por 12 horas.

Preparo da Lâmina

Para o preparo das lâminas sugere-se utilizar cuba de vidro para lâminas histológicas

1) Mergulhar as lâminas em 1% de ácido clorídrico (HCl) em Etanol 100%;

2) Lavar as lâminas 3 vezes com água desionizada;

3) Deixar as lâminas secarem;

4) Mergulhar as lâminas em solução de 1:10 poly-L-Lysin (CAS 25988-63-0) em água destilada por 5 minutos;

5) Lavar 3 vezes em água;

6) Secar por 10 minutos a 60° C ou *"overnight"* à temperatura ambiente. Proteger as lâminas para que não haja deposição de poeira.

MEIOS DE EMBEBIÇÃO PARA MICROSCOPIA ELETRÔNICA

LR-White (London Resin White)

Ensaios de imuno-citoquímica exigem o uso de resinas hidrofílicas porosas e o LR-White supre essas exigências. Além disso, é uma resina estável aos feixes de elétrons.

Spurr

A resina Spurr é usada para tecidos vegetais por penetrar de maneira rápida e eficaz as amostras pequenas e por ser pouco viscosa. A resina é de fácil preparo e mistura rapidamente com agitação e rotação. A dureza é ajustada com a mudança da quantia do estabilizador (DER 736). Os blocos têm boa qualidade para a trimagem e as secções são resistentes e fornecem certa proteção ao feixe de elétrons de modo que as secções podem ser depositadas diretamente em telas de 200 a 300 'mesh' sem que haja o comprometimento delas, porém a análise deve ser conduzida com cuidado.

Reagentes:

Reagentes que compõem a resina Spurr e os pesos utilizados na composição da resina. (Fonte: www.emsdiasum.com/microscopy/technical/datasheet/14300.aspx)

ERL 4221 ....10,0g

DER 8,0g

DMAE 0,3g

NSA 25,0g

Preparo:

1) Colocar os componentes do kit conforme indica o fabricante.

2) Em um Becker de 100 ml, pesar os dois primeiros componentes (ERL 4221 + DER 736) escorrendo o líquido por um bastão de vidro. Agitar bem devagar para não formar bolhas de ar.

3) Em seguida, acrescentar o NSA e agitar novamente.

4) Por último, adicionar 15 a 18 gotas de DMAE (com pipeta de plástico) até completar 0,3 g e agitar novamente.

Se sobrar a solução, pode ser armazenada no freezer até o próximo uso, não se esquecendo de envolver com papel alumínio (solução fotossensível).

Procedimento:

1) Após a desidratação com acetona, transferir as amostras para solução de acetona e Spurr nas proporções 3:1 e 1:1 por 3 horas cada.

2) Em seguida, colocar na proporção 1:3, deixar *"overnight"*.

3) Depois colocar a amostra na resina pura e deixar por 24 horas.

4) Decorrido esse tempo, colocar as amostras nos moldes completando com resina.

5) Levar na estufa de 60 ºC por 48 horas.

SECCIONAMENTO

Os materiais infiltrados tanto em historesina como em parafina podem ser seccionados no micrótomo rotativo, sendo mais utilizada 5µm para historesina e de 10 a 15µm para parafina (Figura 4A) e para o micrótomo de deslize utiliza-se espessura entre 20 e 60µm (Figura 4B), as secções obtidas são uniformes (Kraus & Arduin, 1997). A sala de microtomia deve estar com a temperatura não superior a 25ºC.

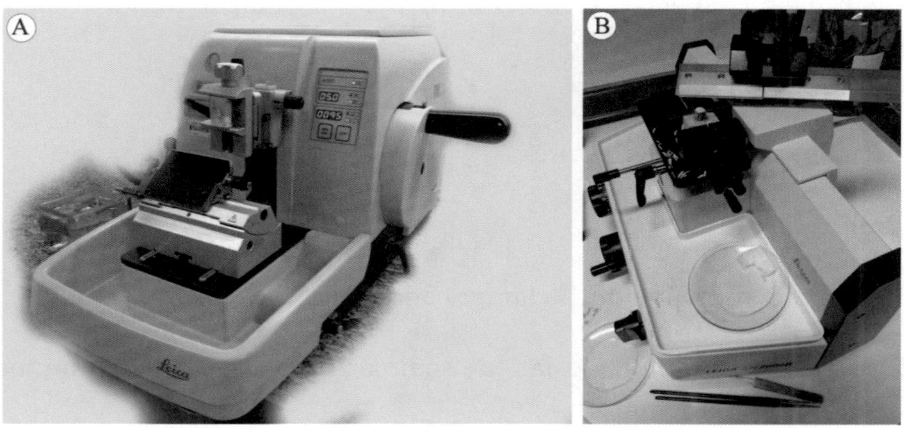

Figura 4. Micrótomos utilizados para seccionamento de amostras. A. Micrótomo rotativo. B. Micrótomo de deslize.

Material fresco ou material fixado não infiltrado

O seccionamento de material fresco pode ser feito à mão livre ou com o auxílio de um micrótomo de deslize (Figura 4B) e em criostato ou micrótomo de congelamento (Nakazono et al. 2003; Marques et al. 2018). No micrótomo de deslize as amostras podem ser seccionadas de 10-60 µm. Recomenda-se que a região a ser seccionada seja sempre umedecida para facilitar o deslizamento da navalha. A utilização do criostato para seccionamento é um meio facilitador para obtenção de secções de 10-50µm de amostras frescas ou fixadas, possibilitando análises histoquímicas e imuno-histoquímicas. Devido ao preparo rápido e sob baixa temperatura, ocorre a preservação de proteínas, ácidos nucleicos e compostos químicos nos tecidos. Para o seccionamento ao criostato, as amostras são incluídas em uma solução miscível em água, portanto deve-se evitar a desidratação das amostras ou o uso de fixadores com álcool como o FAA. Porém, caso as amostras estejam em FAA elas podem ser hidratadas até tampão fosfato e então submetidas à crioproteção.

Seccionamento em criostato

Procedimento:

1) Fixar em formaldeído 4% tamponado – pH 7,2, por 24h;

2) Lavar 3x em tampão fosfato de sódio 0,1M, pH 7,2 por 30 minutos antes de colocar na sacarose;

3) Para a crioproteção, colocar em sacarose 10% em tampão fosfato durante 24 horas sob vácuo seguida de centrifugação a 3.500 rpm durante 15 minutos (duas vezes).

4) Após centrifugar, transferir para sacarose na concentração de 15% diluída em água destilada. Manter nesta solução durante 3 a 4 dias, realizando vácuo ao longo dos dias (6 vezes por 15 minutos cada) e centrifugando a 3.500 rpm por 20 minutos (oito vezes).

5) Infiltração em composto de temperatura ótima de corte (OCT) (Tissue-Tek® - Sakura Finitek) em criomoldes 10 × 10 × 5 mm (Tissue-Tek®).

6) Depois de ajustar a orientação, as amostras são imediatamente congeladas flutuando os criomoldes em nitrogênio líquido.

7) Os blocos devem ser armazenados a -80 ºC por 1 h e então transferidos para -20 ºC por 8 horas para ambientação das amostras à temperatura.

8) Os blocos da OCT são seccionados longitudinalmente utilizando um criostato -25 ºC.

9) A coleta das secções é feita pelo sistema de fita CryoJane Tranfer (CryoJane® - Leica Biosystems).

10) As secções longitudinais coletadas na fita adesiva são transferidas para lâminas revestidas (Leica® - Modelo62800-1X no site www.emsdiasum.com).

11) A fixação dos cortes na lâmina é feita através da exposição a um flash de luz UV.

- -

Parafina

Procedimento:

1) As amostras devem ser fixadas em um bloquinho de madeira ($2cm^2$) com um pouquinho de parafina derretida.

2) Após o resfriamento o bloquinho com material dever ser fixado no micrótomo para obtenção de secções seriadas com espessura que podem variar entre 5 e 20μm.

3) Como as secções formam fita, quando tiver um bom tamanho, mais ou menos 12cm de comprimento, cortar a fita e colocar sobre uma cartolina preta.

4) Antes de colocar as secções na lâmina, verificar o tamanho de lamínula que vai ser utilizada (ex.: lamínula de 24x 50 mm, colocar 2 fileiras de 6 secções).

5) Fazer cortes na fita de parafina no tamanho que caiba na lâmina, colocar algumas gotas de água na lâmina e depositar as secções sobre a água.

6) Colocar as lâminas numa placa aquecedora a 40ºC por alguns minutos ou até que se distendam.

- -

Historesina e LR-White

1) Podem ser realizadas secções seriadas com espessura entre 3 e 10μm para historesina, sendo ideal secções com espessura de 5μm. Acima desse valor, a historesina começa a descolar da lâmina.

2) Colocar ao lado do micrótomo uma lâmina com algumas gotas de água.

3) Antes de colocar as secções na lâmina, verificar o tamanho de lamínula que vai ser utilizada (ex.: lamínula de 24x 50mm, colocar 2 fileiras de 6 secções).

4) Colocar as secções na lâmina (a resina distende em contato com a água). A pinça para pegar as secções precisa estar sempre limpa e seca, pois a umidade provoca o enrugamento da resina.

5) Colocar a lâmina na placa aquecedora a 40°C por cerca de 20 minutos ou até que esteja seca (Figura 5). Durante a secagem, verificar se as secções não estão saindo do lugar.

Observação:

As lâminas destinadas para imunohistoquímica e com secções de material infiltrado em LR-White devem ser preparadas previamente e recobertas com uma solução para aderir os cortes. Ler protocolo de preparo de lâminas para resina LR-White.

PEG (Polietilenoglicol)

Procedimento:

1) As secções são feitas em micrótomo de deslize (Figura 4B) com 16 a 20mm de espessura (menor que 20mm é o ideal).

2) A navalha pode ser de aço ou descartável, sendo que no LanVeg utilizamos a descartável de perfil alto.

3) As lâminas devem estar limpas e previamente preparadas com uma fina camada de adesivo de Haupt (Haupt 1930) para melhor aderência das secções na lâmina.

4) Colocar na placa aquecedora para secar o adesivo.

5) Após seccionar, coletar o corte com uma pinça de ponta fina e colocar dentro de um recipiente com água destilada para fazer flutuar as secções.

6) Mergulhar a lâmina por baixo da secção fazendo com que a secção fique aderida à lamina. Retirar a lâmina com cuidado da água..

7) Colocar a lâmina na placa aquecedora até a secagem completa.

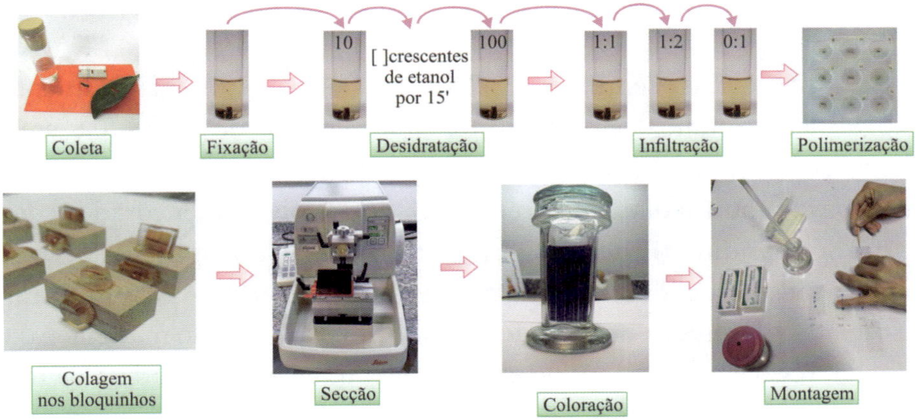

Figura 5. Etapas do processamento de amostras para análise ao microscópio de luz considerando material sendo infiltrado em historesina.

MICROSCOPIA ELETRÔNICA DE TRANSMISSÃO

Trimagem ou toalete dos blocos

Para obter os cortes ultrafinos precisamos fazer vários procedimentos prévios, tais como o desbaste dos blocos (trimagem), cortes semifinos para verificar se o material está bem fixado e infiltrado e para ver a região de interesse.

A trimagem pode ser feita de dois modos, manualmente com o auxílio de uma lâmina de barbear sob estéreo-microscópio ou com aparelhos próprios para desbaste. A trimagem é feita primeiramente na face de corte do bloquinho e depois nas outras quatro faces até formar um trapézio.

Cortes semifinos

Os cortes semifinos (300-500nm) são feitos normalmente no ultramicrótomo com auxílio de uma navalha de vidro (0,6 cm), transferidos para uma lâmina histológica com algumas gotas de água e colocada sobre a placa aquecedora. Os cortes podem ser corados com azul de toluidina (Feder & O'Brien 1968, Sakai 1973), montados em água e recobertos com lamínula para análise (Figura 6). Após encontrar a região de interesse, deve-se desbastar todo o excesso do material e da resina. E verificar se a face de corte está com tamanho da ponta de um lápis.

Cortes ultrafinos

A trimagem do bloco para obter cortes ultrafinos é essencial. Um bloco com uma região de corte maior ou desproporcional pode gerar cortes com defeitos e espessuras desiguais, comprometendo a análise. Os cortes ultrafinos ideais têm 70 nm de espessura (cor prateado). Após distender os cortes com vapores de xilol ou clorofórmio, coletar nas telinhas que serão contrastadas (Figura 6). O ângulo de inclinação da navalha deve ser de 5 graus.

Figura 6. Etapas do processamento de amostras embebidas em resina epoxi (Spurr) para análise ao microscópio eletrônico de transmissão.

3

Técnicas Voltadas a Análises Histopatológicas

ANÁLISE DE ROTINA

Azul de Toluidina

C.I. 52040 (Sakai 1973, Feder & O'Brien 1968)

O azul de toluidina por ser um corante catiônico policromático (O'Brien et al. 1964, Feder & O'Brien 1968) permite uma análise geral dos tecidos auxiliando no direcionamento posterior da bateria de testes histoquímicos (Kraus & Arduin 1997, Figueiredo et al. 2007). Portanto, a coloração com azul de toluidina pode ser considerada como rotina para as análises histopatológicas.

Usos: Principalmente em material incluído em historesina e em material fresco com menos frequência.

Reagentes:

Fosfato de sódio bibásico anidro .... 14,2 g

Ácido cítrico ....9,6 g

Azul de toluidina .... 0,5 g

Água destilada completar até ....1000 ml

Preparo:

Pesar o fosfato de sódio bibásico e diluir em água destilada. Acrescentar o ácido cítrico, medir o pH (deve estar entre 4,0 e 6,0) e adicionar o azul de toluidina.

Procedimento:

1) Deixar no corante por 5 a 15 minutos.

2) Lavar em água destilada 2 a 3 vezes ou até que se note o contraste. A coloração da historesina deve estar um azul bem fraco.

3) Secar ao ar na temperatura ambiente por 24 horas e montar em resina sintética.

Resultado:

Devido à sua natureza policromática, o azul de toluidina, no pH que foi recomendado (entre 4,0 e 6,0), as diferentes estruturas celulares de composição química diversa exibirão um gradiente de tons que vão do roxo ao azul-esverdeado (Figura 7A-C). Geralmente, a parede do fungo, as paredes e conteúdo de natureza péctica da planta coram em roxo-avermelhado, paredes lignificadas e conteúdo de natureza fenólica ficam esverdeados. Diferentes testes histoquímicos podem ser direcionados após a análise com o azul de toluidina.

Observação:

Se a coloração ficar muito forte, mergulhar as lâminas na água morna até sair o excesso do corante. Na etapa 3, a secagem das lâminas pode ser acelerada colocando-se as lâminas na estufa a 37 ºC por algumas horas ou secar na placa aquecedora.

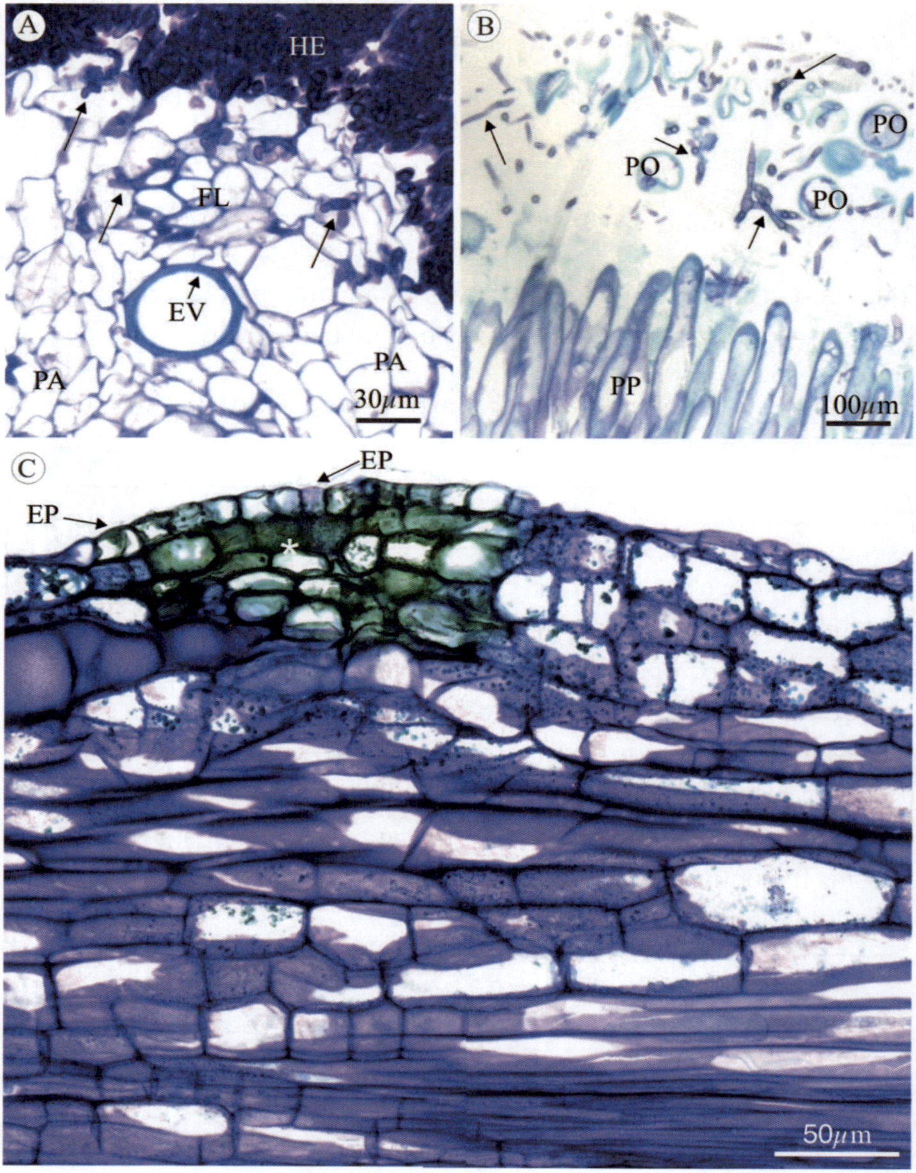

Figura 7. Azul de toluidina, pH entre 4,0 e 6,0, para as análises histopatológicas de rotina. **A.** Secção transversal do sorus do fungo *Sporisorium scitamineum* em cana-de-açúcar. Notar as hifas esporogênicas (HE) e hifas intracelulares (setas) em roxo, o parênquima fundamental (PA) e o floema (FL) em azul e a parede do elemento de vaso (EV) esverdeada. **B.** Superfície do estigma de laranjeira doce com células papilosas (PP) em azul, parede dos grãos-de-pólen (PO) esverdeadas e hifas do fungo *Colletotrichum acutatum* em roxo (setas). **C.** Secção longitudinal de caule de videira infectado com o fungo *Elsinoë ampelina*. Notar na região da lesão uma tonalidade esverdeada (*) que indica o acúmulo de fenóis.

IMUNOHISTOQUÍMICA

(Ruzin 1999; Willats et al. 2001)

Essa técnica é uma das mais importantes no que refere à detecção de antígenos específicos na parede celular, proteínas e enzimas. Ela faz uso da propriedade específica dos anticorpos de se ligarem às regiões específicas de moléculas específicas, possibilitando sua histolocalização. A imuno-histoquímica pode ser feita em material processado convencionalmente (inclusão em parafina ou resina) ou após o seccionamento em criostato de amostra congelada. Aqui cabe uma ressalva, resinas hidrofílicas como é o caso da LR-White são as mais recomendadas, pois resinas epóxi ou à base de glicol metacrilato reduzem a reação de detecção de antígenos dos tecidos e células vegetais e, portanto, não são recomendadas. A escolha do método depende dos recursos disponíveis ao pesquisador. Alguns autores não recomendam o uso de parafina, pois as etapas subsequentes à inclusão podem prejudicar a antigenicidade.

Para a detecção de antígenos existem muitas possibilidades. A detecção pode ser direta ou indireta, com ou sem o uso de moléculas fluorescentes, e o sinal pode ser amplificado ou não. Os métodos para detecção dos antígenos são apresentados na Figura 8. De um modo geral, é necessário que haja a permeabilidade dos tecidos ou células ao anticorpo.

Dentre a grande diversidade de anticorpos destacam-se aqueles associados à carboidratos de parede celular comercializados pela empresa Plant Probes (www.plantprobes.net). Ademais, existem outras possibilidades como a imunomarcação de proteínas associadas ao metabolismo da célula vegetal ou ainda de proteínas presentes no núcleo celular.

Procedimento:

1) Fixar em paraformaldeído 4% em tampão cacodilato de sódio pH 7,2 a 0,1M por 24 horas.

2) Lavar o material fixado em tampão cacodilato de sódio pH 7,2 a 0,1M (2-3 trocas, 30 min/ etapa)

3) Desidratar em série etílica ascendente (30, 50, 70, 90, e 100%), 30 min/ etapa.

4) Pré-infiltrar com a resina em uma solução 1:1 de LRWhite * e etanol absoluto. *"overnight"*.

5) Infiltrar com resina pura (2 trocas a cada 8 horas).

6) Transferir para cápsulas de gelatina e tomar cuidado na hora da orientação do material.

7) Polimerizar em estufa à no máximo, 50°C por ~8h ou à 4°C *"overnight"* sob UV.

8) Preparo das lâminas com solução adesiva (p.ex.: poly-L-lisina).

9) Fazer as secções de 1-5 μm de espessura em micrótomo rotativo.

10) Fazer o bloqueio de enzimas hidrolíticas dos tecidos com tampão fostato: soro albumina bovina (5%)

11) Incubar com o anticorpo primário na diluição correta tampão fostato (testes prévios devem ser feitos)**.

12) Lavar o anticorpo primário em tampão fostato***.

13) Incubar com o anticorpo secundário conjugado a fluoróforo** diluído em tampão fostato.

14) Lavar a lâmina.

15) Análise ao microscópio de epifluorescência**** ou confocal.

Observação:

* Deve-se evitar o uso de resina glicol metacrilato.

**Atentar-se ao tampão que deve ser utilizado para diluir o anticorpo. Variações podem ocorrer. Recomenda-se sempre ler as instruções do fabricante.

***As diluições dos anticorpos e o tempo de reação são variáveis. Pode ser feita mais de uma marcação.

****As escolhas dos filtros para epifluorescência deve respeitar o comprimento de onda de excitação e emissão do fluoróforo. Esse fato é determinante para a detecção do anticorpo conjugado ao fluoróforo.

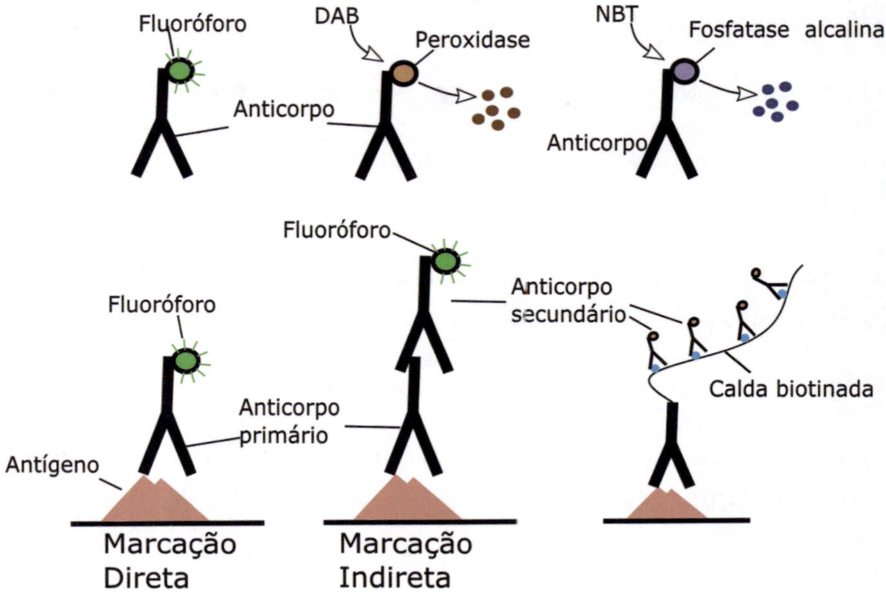

Figura 8. Anticorpos e reação de imunomarcação. Podem ser utilizados anticorpos primários e secundários. Os anticorpos podem ser conjugados à fluoróforos que irão gerar fluorescência em diferentes comprimentos de onda. Também podem ser evidenciados utilizando enzimas que irão degradar o substrato fornecendo um produto cromogênico como é o caso do DAB (3,3′-diaminobenzidina) ou NBT (nitroazul de tetrazólio). As marcações podem ser diretas ou indiretas. Nesse último caso, há necessidade de se utilizar um anticorpo primário que irá se ligar ao antígeno presente na célula vegetal seguido pelo secundário, conjugado ao fluoróforo ou enzima, a qual irá se ligar ao anticorpo primário, evidenciando a sua localização. Em alguns casos pode haver a ampliação do sinal pela utilização de uma calda biotinada.

ALTERAÇÕES NA CUTÍCULA E NA PAREDE CELULAR

Na presença dos patógenos, as plantas tendem a modular suas paredes celulares de modo a prevenir a penetração dos patógenos ou restringir a expansão do fungo nos tecidos. Logo, a parede tem sido reconhecida como importante barreira física e química no processo de imunidade dos vegetais (Malinovsky et al. 2014), que deve ser observada e investigada em detalhe, pois pode ser interpretada como barreira constitutiva ou induzida (Marques et al., 2018). Nesse intuito, estudos histoquímicos devem ser realizados visando elucidar as possíveis alterações parietais que plantas resistentes possam porventura apresentar. Aqui são apresentados alguns métodos que podem ser úteis no entendimento dos processos de defesa vinculados à parede celular.

Vermelho de Rutênio e Sudan IV

C.I. 77800 e C.I. 26105

(Chamberlain 1932, Miller 1968, Marques et al. 2016)

Alterações cuticulares são frequentemente observadas em plantas infectadas por fungos. A utilização da dupla coloração facilita a visualização dessas alterações possibilitando o detalhamento das modificações na cutícula.

Usos: Material fresco e material incluído em historesina.

Reagentes:

Solução A:

Vermelho de rutênio ....0,0025 g

Água destilada, completar até ....10 ml

Solução B:

Sudan IV ....1 g

Etanol 95% ....100 ml

Glicerina ....40 ml

Preparo:

1) Diluir o vermelho de rutênio (*ruthenium red,* CAS ®11103-72-3,) na água destilada. Guardar em frasco âmbar e refrigerado.

2) Dissolver o Sudan IV (CAS 85-83-6) no etanol aquecendo até o ponto de ebulição por algumas horas. Deixar decantando por 24 horas. Após esse tempo, retirar 60 ml do sobrenadante dessa solução e acrescentar 40 ml de glicerina. Deixar decantar novamente por 24 horas e retirar somente o sobrenadante. Filtrar a vácuo com ajuda de um kitassato.

Procedimento:

1) Transferir as secções em vidro de relógio, pingar a solução A e esperar 2 minutos. Na historesina, colocar algumas gotas em cima das secções, e esperar 3 a 10 minutos.

2) Lavar as secções em água destilada.

3) Colocar na solução B e esperar de 20 a 30 minutos. Na historesina, pingar a solução B, cobrir com lamínula e esperar 20 a algumas horas.

4) Montar em glicerina 60%.

Resultado:

A pectina da parede celular cora em rosa púrpura pela reação com vermelho de rutênio, enquanto a cutícula, que possui cutina e ceras (substância lipofílica) apresenta coloração alaranjada (Figura 9A).

Observação:

Caso não observe a reação com Sudan IV aquecer a lâmina sobre uma placa aquecedora 40°C até obter a reação. No caso da historesina, colocar a lamínula e vedar com esmalte antes de aquecer evita a formação de grânulos do corante.

Nile red e calcofluor white

CAS 7385-67-3 e CAS 4404-43-7
(Greenspan et al. 1985, Hughes & McCully 1975,
Trese & Loschke 1990, Leite et al. 2013, Marques et al. 2016)

Usos: Material não incluído ou incluído em historesina

Reagentes:

Solução A:

Calcofluor White (C.I. 40621) ....0,01 g

Água destilada ....100 ml

Solução B:

Nile red (CAS 7385-67-3) ....0,001 g

Acetona 100% ....10 ml

Preparo:

1) Dissolver o Nile red na acetona. Guardar em frasco âmbar e refrigerado.

2) Diluir o Calcofluor White em água destilada. Guardar em frasco âmbar e refrigerado. Filtrar o corante antes do uso.

Procedimento:

1) Para secções à mão livre, seguir os passos da técnica de clareamento antes do próximo passo. Para o preparo da lâmina com as secções em historesina e secções já clareadas, pingar uma gota do Nile red sobre as lâminas e cobrir com lamínula para evitar a evaporação. Esperar por 5 minutos.

2) Lavar com a acetona 100% e depois na acetona e água destilada (1:1).

3) Lavar as secções em água destilada (1 minuto).

4) Pingar o Calcofluor White sobre as secções e deixar por 1-3 minutos.

5) Lavar em água destilada (30 segundos por 2vezes).

6) Montar em água destilada ou glicerol.

7) Para observar no microscópio de epifluorescência, o filtro utilizado para Nile red é o I3 (Ex: 450-490/ Em:515) ou N2.1 (Ex: BP 515-560 / Em: LP590) e para o Calcofluor White é o A (Ex: 325-375/ Em 435-485).

Resultado:

Substâncias lipofílicas (gotas) e cutina fluorescem em vermelho-alaranjado e a celulose fluoresce em tons branco-azulado (Figura 9B). O Nile red (vermelho do Nilo) emite fluorescência no espectro do vermelho.

Observação:

As colorações podem ser feitas separadamente.

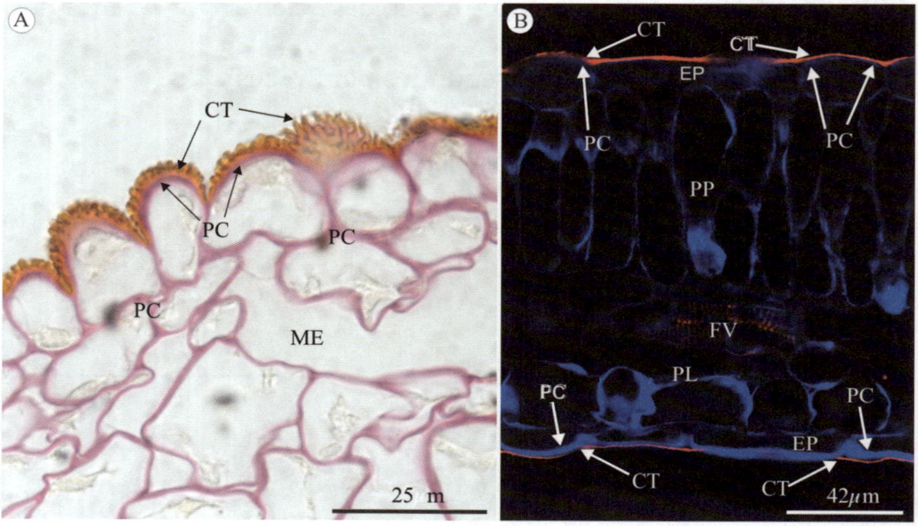

Figura 9. Métodos de coloração para detecção da cutícula e parede celular. **A**. Pétala de laranjeira doce (*Citrus sinensis* L.) após inoculação com *Colletotrichum acutatum*. A cutícula corada em laranja pelo Sudan IV e as paredes celulares em rosa após reação com vermelho de rutênio. **B**. Folha da videira (*Vitis labrusca* L.) após coloração com Nile Red e Calcofluor White e analisadas ao microscópio de epifluorescência. A cutícula aparece em vermelho enquanto as paredes celulares em azul. CT – Cutícula; EP – Epiderme; FV – Feixe vascular; ME – Mesofilo; PC – Parede celular; PL – Parênquima lacunoso; PP – Parênquima paliçádico.

Azul de anilina

CAS 28631-66-5 **e** C.I. 42755
(Smith & McCully 1978a,b, Ruzin 1999)

O azul de anilina é um fluorocromo utilizado para a detecção de calose, que é um polissacarídeo com ligações β-1,3-glucano. A deposição de calose é muito importante nos estudos de mecanismos de defesa do vegetal, podendo estar associada a papilas ou ao encapsulamento das hifas, na obstrução de poros da placa crivada do loema (Marques et al. 2017) ou junto aos plasmodesmos.

Usos: Material não incluído ou incluído em historesina

Reagente:

Azul de anilina..0,005 g

Tampão fosfato 0,5 M pH 8.5..100 ml

Preparo:

Dissolver o azul de anilina em tampão fosfato.

Procedimento:

1) Para secções à mão livre, seguir os passos da técnica de clareamento antes do item 3.

2) Corar as secções por 10-20 minutos.

3) Lavar as secções em água destilada por um minuto.

4) Depositar as secções em uma lâmina e pingar algumas gotas de água destilada e, em seguida, colocar a lamínula.

5) Observar no microscópio de fluorescência em luz de UV. Pode ser utilizado o filtro A (Ex: 325-375/ Em 435-485) Leica®.

Resultado:

Na fluorescência, a calose corada com o azul de anilina torna-se azul-esverdeado e pode estar depositada junto à parede celular (Figura 10A) ou ao redor das hifas (Figura 10B).

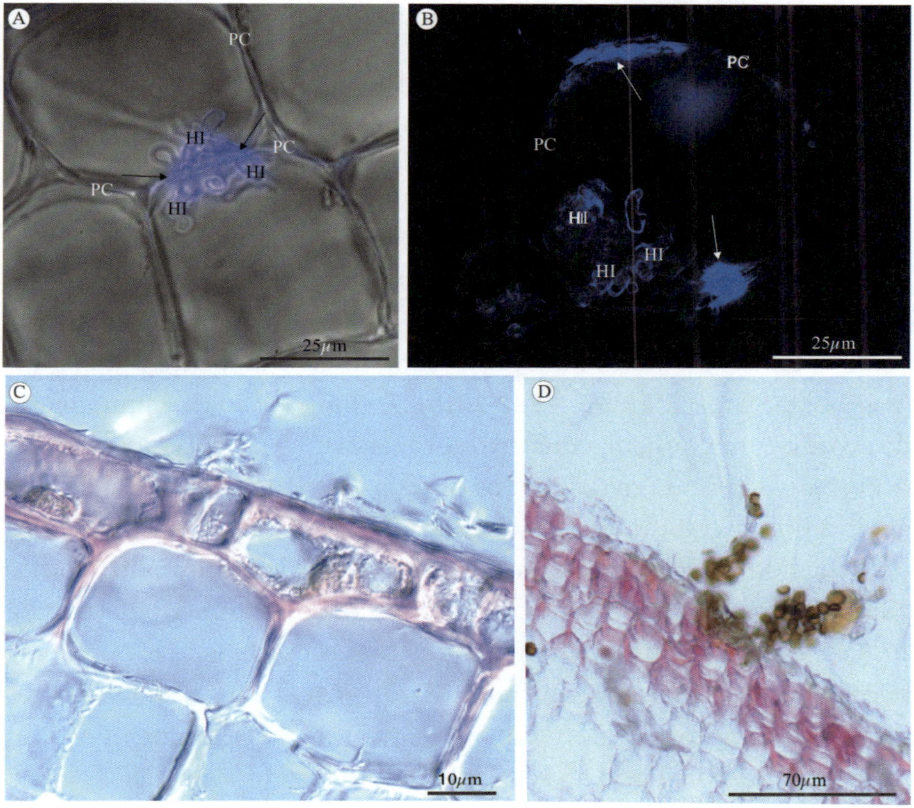

Figura 10. Testes histoquímicos para detecção de calose (A-B) e lignina (C-D) acumulada nas paredes das células de cana-de-açúcar nas proximidades das hifas intracelulares do fungo *Sporisorium scitamineum*. **A**. Fotomicrografia obtida pela sobreposição das imagens em campo claro e em fluorescência da calose corada pelo azul de anilina (setas). **B**. Imagem de epifluorescência. A calose (azul) depositada ao redor das hifas intracelulares (HI) ou junto à parede celular (setas). **C-D.** Paredes celulares lignificadas (rosa) em regiões em contato com hifas do fungo. PC = parede celular.

Floroglucina

(CAS 108-73-6)
(Ruzin 1999, Marques et al. 2018)

A lignina é um polímero de parede complexo constituído por diferentes subunidades oriundas da rota dos fenilpropanoides e pode ser constituído por: siringil, guaiacil e coniferol. É muito importante no processo de defesa do vegetal podendo estar presente constitutivamente nos tecidos ou ser induzida após o contato com o agente patogênico (Pascholati, 2011; Marques et al. 2018). A composição da lignina varia de acordo com o órgão, a idade e o processo infeccioso (Walters 2011). A floroglucina ácida reage com os grupos de coniferaldeído da lignina gerando uma coloração vermelha ao rosa, mas reage fracamente às unidades de syringil o que leva às reações fracas da floroglucina nas paredes secundárias ricas nesse monômero (Sarkamen & Ludwig 1971). Destaca-se aqui que as amostras frescas, seccionadas ou não ao micrótomo de deslize ou criostato (Marques et al. 2018), são melhores para reagirem com a floroglucina. Amostras fixadas com FAA ou Karnovsky também podem ser usadas, porém sugere-se que se evite o processo de embebição em resinas.

Usos: Material não incluído ou incluído em historesina

Reagente:

Floroglucinol..0,50 g

Ácido clorídrico 37% ....12,25 ml

Água destilada .... 12,25 ml

Preparo:

Diluir o ácido na água. Nunca o contrário.

Procedimento:

Depositar as secções em uma lâmina e pingar algumas gotas da solução e colocar a lamínula.

Resultado:

A lignina fica rosa-avermelhada é depositada nas paredes celulares. (Figura 10 C-D). Após 4 horas a coloração desaparece.

Observação:

A solução contém ácido e, portanto, deve ser manuseada com luvas e em capela de exaustão. Tomar muito cuidado ao analisar, pois o ácido da solução pode vir a entrar em contato com a objetiva ou platina do microscópio, o que pode vir a danificar o instrumento. Sugere-se vedar a lâmina com esmaltes incolor antes de analisar.

ANÁLISES DAS ALTERAÇÕES NO METABOLISMO SECUNDÁRIO

DETECÇÃO DE COMPOSTOS FENÓLICOS

Compostos fenólicos são comumente observados em diferentes tipos de interação planta-patógeno. Eles são um grupo diverso e complexo e podem ser evidenciados com diferentes técnicas. Nas interações com patógenos a deposição pode ocorrer nas paredes celulares ou no interior das células com o acúmulo no vacúolo.

Cloreto férrico

(CAS 10025-77-1)
(Johansen 1940)

O teste com cloreto férrico funciona tanto em secções oriundas de material infiltrado em historesina como em material sem inclusão (fresco ou fixado).

Usos: Material não incluído ou incluído em historesina

Reagentes:

Carbonato de sódio ....0,3 g

Cloreto férrico hexahidratado ....10 g

Água destilada, completar até .... 100 ml

Preparo:

1) Dissolver o cloreto férrico na água destilada e acrescentar o carbonato de sódio. Guardar em frasco âmbar e refrigerado.

2) Fazer secções à mão livre de materiais frescos e colocá-los em água destilada.

3) Transferir as secções para uma lâmina e pingar uma gota do reagente cloreto férrico sobre os mesmos.

4) Montar com lamínula, aguardando 1 ou 2 minutos. Para secções de material incluído em historesina, deixar a lâmina na solução por, no mínimo, 3 horas.

5) Pingar uma gota de água destilada ou glicerina 50% na borda da lâmina e retirar o reagente com papel filtro.

Resultado:

O cloreto férrico produz uma coloração castanha escuro indicando a presença de compostos fenólicos (Figura 11A-B).

Observação:

Em alguns casos, as secções obtidas de material infiltrado em historesina podem ser mantidas no cloreto férrico "*overnight*" ou mais tempo.

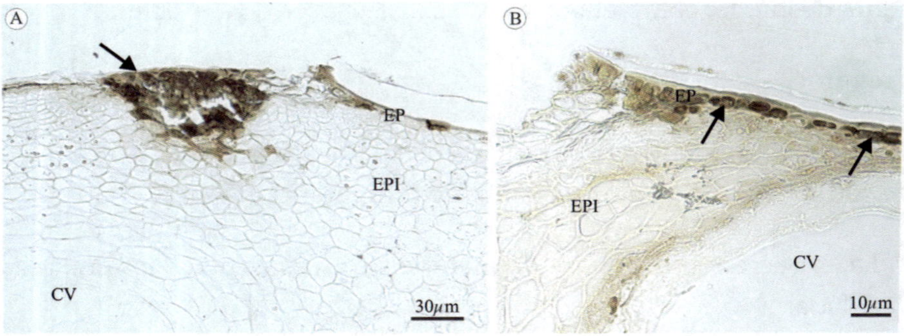

Figura 11. A-B. Reação positiva com cloreto férrico, evidenciada pela cor castanha escura (setas) em secções de lesões da doença pinta preta dos citros causada pelo fungo *Guignardia citricarpa*. CV – cavidade de óleo; EP – epiderme; EPI – epicarpo;

Solução de sulfato ferroso em formalina

CAS 7782-63-0 e CAS 50-00-0
(Johansen 1940)

A detecção de compostos fenólicos pode ser feita por meio da fixação dos tecidos vegetais na solução de sulfato ferroso em formalina. Após a fixação, os compostos fenólicos são detectados nas secções sem a necessidade de coloração posterior. Geralmente, secções mais espessas são mais indicadas para facilitar a análise dos compostos fenólicos por este método.

Usos: Material não incluído ou incluído em historesina

Reagentes:

Formaldeído 37% ....4 ml

Sulfato ferroso heptahidratado ....10 g

Água destilada q.s.p.. ....100 ml

Procedimento:

1) Colocar o material no fixador por 48 horas.

2) Retirar o ar do material com a ajuda de uma bomba de vácuo.

3) Lavar em água destilada fazendo 4 trocas de 15 minutos cada.

4) Fazer cortes a mão livre ou no micrótomo de deslize ou seguir para técnicas de inclusão em historesina.

Resultado:

A presença de compostos fenólicos é indicada pela coloração marrom.

Detecção por autofluorescência

(Dai et al. 1995a, Talamond et al 2015, Roshchina et al. 2017)

O uso da autofluorescência é um método bastante prático, rápido e eficiente para se investigar a presença de metabólitos secundários sintetizados pelas plantas. Fenóis, alcaloides e terpenos são metabólitos oriundos do metabolismo secundário e no curso da interação planta-patógeno pode haver o acúmulo dos diferentes compostos, podendo ou não interferir no curso do processo infeccioso. Os métodos usuais para preparo de amostras, como fixação e desidratação, podem remover dos tecidos os metabólitos secundários, porém, em alguns casos, os metabólitos podem ser visualizados após embebição em historesina. A presença da autofluorescência não descarta a necessidade da realização de outros testes histoquímicos.

Usos: Material não incluído (fresco ou fixado).

Procedimento:

1) Fazer cortes a mão livre ou no micrótomo de deslize ou seguir para técnicas de inclusão em historesina.

2) Montagem dos cortes em glicerina ou em água destilada.

3) Observar no microscópio de fluorescência em luz UV, com emissão na faixa do azul (430–450 nm).

Resultado:

Quando observados sob luz UV os compostos fenólicos podem emitir luz no comprimento de onda das cores azul e esverdeado.

Observação:

Recomenda-se a conjugação desses resultados ao dos testes

histoquímicos.

A utilização da autofluorescência deve ser feita preferencialmente como material recém-coletado e cortado. O uso de fixadores e reagentes podem extrair os componentes dos tecidos

DETECÇÃO DE FLAVONÓIDES

Reagente de NEU

(CAS 524-95-8)
(Dai et al. 1995b; Mondolot et al. 2016)

Usos: Material fresco

Procedimento:

1) Colocar os cortes na solução de 1% de 2-aminoetil difenil borato em metanol absoluto.

2) Montar em glicerina.

3) Analisar ao microscópio de fluorescência.

Resultado:

Sob luz UV os flavonoides emitem fluorescência no comprimento de onda do azul, logo devem ser utilizados filtros de banda longa (long pass band) que permitam a passagem de comprimentos de luz acima de 400 nm, como é o caso do filtro UV-1 A da Nikon.

Observação:

O reagente 2-aminoetil difenil borato é tóxico, logo se recomenda o preparo das lâminas em capela de exaustão e luvas.

Detecção por autofluorescência

(Dai et al. 1995a, Talamond et al 2015, Roshchina et al. 2017)

Usos: Material fresco ou infiltrado

Procedimento:

1) Fazer cortes a mão livre ou no micrótomo de deslize ou seguir para técnicas de inclusão em historesina.

2) Montagem dos cortes em glicerina ou em água destilada.

3) Observar no microscópio de fluorescência em luz UV, com emissão na faixa do azul (430–450 nm).

Resultado:

As regiões que acumula m flavonoides quando excitadas com luz UV emitem fluorescência no espectro da luz azul. Para tanto recomenda-se que o microscópio de epifluorescência ou confocal possuam filtros, lasers e detectores que possam excitar a amostra em UV e detectar no comprimento de onda azul.

Observação:

A utilização da autofluorescência deve ser feita preferencialmente como material recém-coletado e cortado. O uso de fixadores e reagentes podem extrair os componentes dos tecidos. Ressalta-se que a técnica de detecção de autofluorescência deve ser associada a testes histoquímicos para confirmar a presença de flavonoides

DETECÇÃO DE TERPENOS

Reagente NADI

(David & Carde 1964)

Um dos componentes mais abundantes do óleo essencial é o terpeno que é responsável pelo seu aroma. O reagente NADI permite distinguir óleos essenciais dos ácidos resínicos pela alteração da cor dependendo do pH.

Usos: Cortes a mão livre de materiais frescos.

Reagentes:

Solução A: α-Naftol a 0,1% em etanol a 40%

α-Naftol ....0,0005 g

Etanol 40% ....0,5 ml

Preparo:

Pode ser preparado um dia antes.

Solução B: Tampão fosfato de sódio 0,05M pH 7,2

Reagentes:

Fosfato de sódio monobásico 0,05M

Fosfato de sódio monobásico monohidratado .... 0,28 g

Água destilada, completar até .... 40 ml

Fosfato de sódio bibásico 0,1M

Fosfato de sódio dibásico anidro ....1,42 g

Água destilada, completar até ....200 ml

Preparo:

Verificar o pH da solução de fosfato bibásico e ajustar o pH para 7,2 com a solução de fosfato monobásico.

Solução C: Cloridrato de dimetilparafenileno diamina a 1% em tampão 0,05M, pH 7,2

Reagentes:

Cloridrato de dimetilparafenileno diamina.................. 0,005 g

Tampão 0,05M pH 7,2 .... 0,5 ml

Preparo:

Pesar o Cloridrato de Dimetilparafenileno diamina no vidro de relógio ou Becker pequeno (não pesar no papel alumínio, pois reage com o papel). Pode ser preparado um dia antes.

Reagente NADI

Reagentes:

Solução A 0,5ml

Solução B ....0,5 ml

Solução C ....49 ml

Preparo:

Misturar os três reagentes na hora de usar. Preparar no escuro (fotossensível)

Procedimento:

1) Transferir os cortes em vidro de relógio e pingar o reagente NADI (recém preparado) durante 1 hora a temperatura ambiente no escuro (ex. caixa de papelão).

2) Cobrir o vidro de relógio para evitar evaporação.

3) Lavar em tampão fosfato de sódio 0,1M, pH 7,2 por 2 minutos.

5) Montar em tampão fosfato.

Resultado:

A coloração azulada indica a presença de óleos essenciais e a coloração avermelhada mostra a presença de ácidos resínicos. Quando os óleos essenciais e os ácidos resínicos ficam misturados, observa-se uma coloração violácea a lilás.

Detecção por autofluorescência

(Dai et al. 1995a, Talamond et al 2015, Roshchina et al. 2017)

Procedimento:

1) Fazer cortes a mão livre ou no micrótomo de deslize ou seguir para técnicas de inclusão em historesina.

2) Montagem dos cortes em glicerina ou em água destilada.

3) Observar no microscópio de fluorescência em luz UV, com emissão na faixa do verde (520–530 nm).

Resultado:

As regiões que acumulam terpeno quando excitados pela luz UV emitem fluorescência no comprimento de onda no espectro do verde (520–530 nm). Para tanto, é requerido o uso de filtros de banda longa de emissão a partir dos 400nm.

Observação:

A utilização da autofluorescência deve ser feita preferencialmente com material recém-coletado e cortado. O uso de fixadores e reagentes podem extrair os componentes dos tecidos. Ressalta-se que a técnica de detecção de autofluorescência deve ser associada a testes histoquímicos para confirmar a presença de terpenos.

DETECÇÃO DE ALCALÓIDES

Reagente de Dragendorff

CAS 10035-06-0 7681-11-0
(Svendsen & Verpoorte 1983)

Usos: Material fresco

Reagentes:

Solução A:

Nitrato de bismuto ....3,87 g

ácido acético ....6,25 ml

Água destilada q.s.p. ....25 ml

Solução B:

Iodeto de potássio..4 g

Água destilada..10 ml

Preparo:

1) Em banho de gelo, diluir o ácido acético na água e depois acrescentar nitrato de bismuto.

2) Dissolver o iodeto de potássio na água destilada. Verter a primeira solução pouco a pouco sobre a segunda. Deixar em repouso durante algumas horas e filtrar. Esta solução estoque pode ser armazenado por 6 meses.

3) Na hora de usar, pegar 5 ml dessa solução e acrescentar 10 ml de ácido acético e completar com água destilada até 100ml. Guardar ao abrigo de luz.

Procedimento:

1) Transferir os cortes em vidro de relógio e pingar o reagente de Dragendorff e esperar 5 a 10 minutos.

2) Passar numa solução de de nitrito de sódio a 5%.

3) Lavar em água destilada.

3) Montar em gelatina glicerinada.

Resultado:

O reagente de Dragendorff cora a maioria dos alcalóides de laranja-acastanhado.

Detecção por autofluorescência

(Talamond et al 2015, Roshchina et al. 2017)

Procedimento:

1) Fazer cortes a mão livre ou no micrótomo de deslize ou seguir para técnicas de inclusão em historesina.

2) Montagem dos cortes em glicerina em água destilada.

3) Observar no microscópio de fluorescência sob luz UV e emissão na faixa do verde-amarelo (515-560 nm).

Resultado:

As regiões que acumulam alcalóides quando excitadas pela luz UV emitem fluorescência no comprimento de onda no espectro do verde-amarelo (515–560 nm). Para tanto, é requerido o uso de filtros de banda longa de emissão a partir dos 400nm.

Observação:

A utilização da autofluorescência deve ser feita preferencialmente como material recém-coletado e cortado. O uso de fixadores e reagentes podem extrair os componentes dos tecidos. Ressalta-se que a técnica de detecção de autofluorescência deve ser associada a testes histoquímicos para confirmar a presença de alcaloides.

DETECÇÃO DE PROTEÍNAS E LIPÍDEOS

Xylidine Ponceau e Sudan Black B

CAS 3761-53-3 e CAS 4197-25-5
(Pearse 1968, Cortelazzo & Vidal 1991)

Essa técnica foi desenvolvida no LanVeg (ESALQ, USP) e visa o reconhecimento de componentes celulares de natureza proteica e lipofílica nas células vegetais de regiões lesionadas. As colorações podem ser feitas separadamente ou em conjunto fornecendo importantes dados da distribuição destes compostos nas células ao pesquisador, o que favorece a interpretação das alterações celulares.

Usos: Material fresco ou incluído em historesina

Reagentes:

Solução A:

Ácido acético glacial ....3 ml

Água destilada ....97 ml

Solução B:

Xylidine Ponceau (C.I. 16150) ....0,1 g

Solução A ....100 ml

Solução C:

Sudan black B (C.I. 26150) ....1 g

Etanol 70% ....100 ml

Preparo:

1) Para o preparo da solução A, diluir o ácido acético glacial na água destilada.

2) Para o preparo da solução B, dissolver o xylidine Ponceau na solução A.

3) Para o preparo da solução C, aquecer o etanol 70% a 60 ºC e dissolver o Sudan black B. Guardar em frasco âmbar e refrigerado. Filtrar antes de usar.

Procedimento:

1) Fazer secções de materiais incluídos em historesina.

2) Transferir as secções em vidro de relógio, pingar a solução B e esperar por 15 minutos.

3) Lavar por 30 minutos com a solução A.

4) Lavar em água destilada.

5) Pingar a solução C, cobrir o vidro de relógio para evitar a evaporação e esperar por 5–10 minutos.

6) Lavar as secções passando rapidamente em etanol 50% e depois em água destilada.

7) Montar a lâmina em água destilada, ou Entellan para material incluído e historesina.

Resultado:

As proteínas coram em vermelho e os lipídeos coram em azul marinho a preto. Nas regiões lesionadas nota-se que as células necrosadas podem acumular compostos lipofílicos, mas geralmente são envoltas por células que acumulam proteínas (Figura 12 A-B). A proteína pode ocorrer como gotas (Figura 12 C) ou como substância amorfa no citoplasma das células. Essa técnica permite evidenciar que diferentes tecidos apresentam células que acumulam lipídeos e proteínas e em diferentes compartimentos celulares (Figura 12 C).

Observação:

Primeiro corar com xylidine Ponceau e depois com Sudan black B, pois como o Sudan é formulado em etanol, pode haver o descolamento da resina da lâmina.

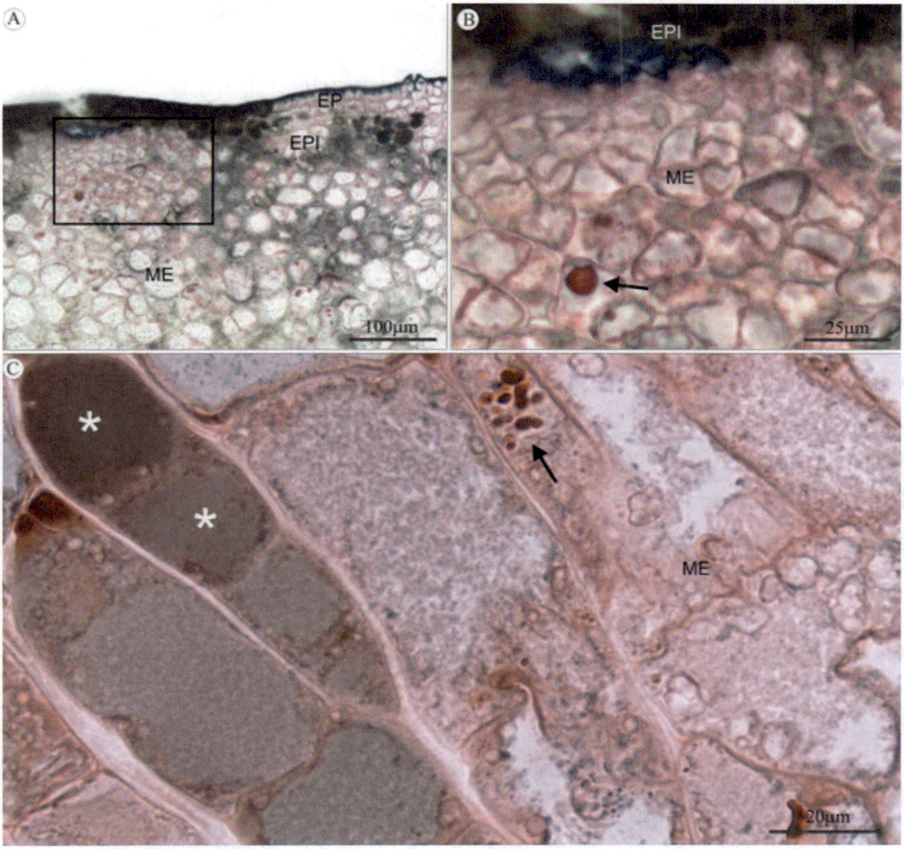

Figura 12. Lesão da doença pinta preta dos citros causada pelo fungo *Guignardia citricarpa* submetida à dupla coloração com xylidine Ponceau para proteínas (cor vermelha) e Sudan black B (cor azul escuro) para compostos lipofílicos. **A**. Visão geral da lesão mostrando o acúmulo de compostos lipofílicos no epicarpo (EPI). **B**. Detalhe do setor destacado em A. Notar as células do epicarpo coradas em azul escuro e as células do mesocarpo (ME) com acúmulo de proteínas (seta). **C.** Detalhe evidenciando o conteúdo lipofílico amorfo (*) e proteico em gotas (seta).

DETECÇÃO DE CARBOIDRATOS

Cloreto de zinco iodado

CAS 7646-85-7, 7681-11-0 e 7553-56-2
(Strasburger, 1913)

A detecção de grãos de amido em plastídeos é uma técnica de rotina, tendo em vista a importância do amido como reserva energética. Via de regra, regiões lesionadas por fitopatógenos tendem a apresentar uma redução do amido na área lesionada (Marques et al., 2007). É válido enfatizar que existe o amido transiente ou primário e o amido de reserva ou secundário. O transiente ocorre em órgãos fotossintetizantes e sua presença pode estar associada às condições fisiológicas.

Usos: Tanto material fresco como material incluído em historesina

Reagentes:

Cloreto de zinco ....20,0 g
Iodeto de potássio..1,0 g
Iodo..0,1 g
Água destilada ....30,0 ml

Preparo da solução

1) Pesar o iodeto de potássio em béquer pequeno (o reagente reage com alumínio) e dissolver em água.

2) Acrescentar o iodo até sua dissolução.

3) Acrescentar lentamente o cloreto de zinco.

Procedimento:

1) Fazer secções de materiais frescos ou seguir para técnicas de inclusão em historesina.

2) Pingar a solução do reagente e esperar por 5-7 minutos.

4) Lavar em água destilada.

5) Montar a lâmina em água destilada, ou Entellan para material incluído e historesina.

Resultado:

Grãos de amido presentes nos plastídeos ocorrem como pontos negros azulados.

Observação: Secções de material fresco tendem a reagir mais rapidamente. Para saber se o reagente está funcionando, verificar se o papel de filtro fica preto em contato com o reagente.

DETECÇÃO DE ESTRUTURAS CRISTALINAS

Emprego da luz polarizada

(Ruzin 1999, Marques et al. 2017)

Nas plantas existem diferentes componentes celulares que apresentam birrefringência e, portanto, são anisotrópicas o que possibilita a análise sob luz polarizada. Para a obtenção da luz polarizada são necessários dois filtros: o polarizador, localizado entre a amostra e a fonte de luz; e o analisador situado entre a objetiva e a ocular. O contraste da imagem surge da interação da luz polarizada no plano com uma amostra birrefringente (ou duplamente refratora) para produzir dois componentes individuais da onda que são polarizados em planos perpendiculares entre si. Depois de passarem pela amostra, os componentes da luz ficam fora de fase, mas são recombinados com interferência construtiva e destrutiva quando passam pelo analisador. A luz polarizada é uma ferramenta frequentemente utilizada em anatomia vegetal e pode gerar dados quantitativos e qualitativos em uma ampla gama de estruturas anisotrópicas (Tabela 2). A luz polarizada é muito útil para distinção de inclusões celulares, corpos de sílica, na determinação da orientação das microfibrilas de celulose (Ruzin, 1999) e na observação de diferenças na morfologia entre tipos de grãos de amido (Cai et al. 2014).

Tabela 2. Características iso- e anisotrópicas de componentes celulares

Componentes celulares	**Isotrópica**	**Anisotrópica**
Parede primária		X
Parede secundária		X
Cristais de oxalato de cálcio		X
Inclusões amorfas de carbonato de cálcio		X
Corpos de Sílica		X
Protoplasto	X	
Plastídios	X	
Amido		X

DETECÇÃO DE ESPÉCIES REATIVAS DE OXIGÊNIO

Espécies reativas de oxigênio (EROs) são moléculas comumente presentes nas plantas submetidas ao estresse biótico e abiótico e que possuem funções essenciais na resposta de defesa. Dentre as diferentes EROs, destacam-se o peróxido de hidrogênio (H_2O_2) e o ânion superóxido (O^{2-}). Eles são produzidos em células desafiadas pelos patógenos e são importantes sinalizadores para outras respostas de defesa, como a produção de calose ou a morte celular programada (Luna et al. 2011). Aqui são apresentados métodos para detecção de H_2O_2 e O^{2-}.

Peróxido de Hidrogênio – H_2O_2

CAS 91-95-2

(Adaptado de Daudi & O'Brien 2012)

O composto orgânico 3,3'-diaminobenzidina (DAB) é oxidado pelo peróxido de hidrogênio, gerando precipitado castanho-escuro. Este precipitado é explorado como uma mancha para detectar a presença e distribuição de peróxido de hidrogênio nas células da planta.

Usos: Material fresco

Reagentes:

Tampão fosfato salino (*Phosphate Buffer Solution* - PBS)

NaCl ....8 g

KCl ....0,2 g

Na_2HPO_4 .... 1,15 g

KH_2PO_4 ....0,2 g

DAB

DAB (3,3'-diaminobenzidina) ....50 mg

PBS a pH 4,0 com HCl...50 ml

Preparo:

Preparar a solução imediatamente antes de seu uso.

Procedimento:

1) Submergir as amostras na solução de DAB em frasco envolto por alumínio.

2) Colocar no dessecador acoplado à bomba a vácuo para retirada do ar (2 vezes de 15 minutos cada).

3) Manter as amostras no escuro por 4 a 12 horas*.

4) Lavar em tampão PBS 2 x 1 min cada

5) Analisar periódicamente a amostra sobre lupa ou microscópio até verificar a reação. Caso haja necessidade secções da região podem ser feitas e então a lâmina pode ser montada em PBS.

Resultado:

Precipitado marrom escuro indica as células ou tecidos que acumulam H_2O_2.

Observação:

*A duração do processo de reação com o DAB é variável, depende da espessura da amostra e tipo de tecido.

A solução deverá ser preparada minutos antes do uso.

Ânion superóxido O^{2-}

CAS 298-83-9
(Adaptado de Daudi & O'Brien 2012)

A detecção do superóxido aniônico é realizada por nitroazul de tetrazólio (NBT).

Usos: Material fresco

Reagentes:

Nitroazul de tetrazólio NBT ....3,5 mg

PBS pH 7,2 0,2 M...1 ml (Pag. 95).

Preparo:

Dissolver o NBT em PBS e manter a solução no escuro até o seu uso.

Procedimento:

1) Submergir as amostras na solução de NBT em frasco envolto por alumínio.

2) Colocar no dessecador acoplado à bomba a vácuo para retirada do ar (2 vezes de 15 minutos cada).

3) Manter as amostras no escuro por 4 a 12 horas.

4) Lavar em tampão PBS 2 x 1 min cada

5) Analisar em lupa ou microscópio. Caso haja necessidade, secções à mão livre da região com o precipitado podem ser feitas e, então, os

cortes montados em tampão fosfato ou em água destilada.

Resultado:

As regiões que acumulam O^{2-} ficam roxas

Observação: A solução deverá ser preparada minutos antes do uso.

DIAFANIZAÇÃO DOS TECIDOS APÓS REAÇÃO COM DAB OU NBT

Via de regra essa etapa é feita com tecidos clorofilados como é caso de folhas. Após a remoção da clorofila a folha fica translúcida permitindo a análise das regiões acumuladoras de H_2O_2 e de O^{2-} com maior facilidade. Esse procedimento possibilita a visualização sob estereomicrocópio como ilustrado por Wu et al. (2016). Existem dois métodos mais rápidos de clareamentos:

1) Submergir a amostra na solução de etanol 100%:ácido acético:glicerina (3:1:1) previamente aquecida em placa (ver método de clareamento de Daudi & O'Brien (2012) (Figura 14A).

2) Submergir as amostras em etanol 96% aquecido por 10 minutos (Wu et al. 2016).

4

Detecção de fungos

MICROSCOPIA DE LUZ

Método de impressão da epiderme com esmalte

(Marques 2012)

Esse método pode ser considerado o mais simples, rápido e prático para visualizar a presença de esporos, tubos germinativos e até mesmo apressórios nas superfícies de órgãos vegetativos e reprodutivos. Pela eficiência, agilidade e baixo custo, esse método pode ser empregado em estudos de *time-course*, possibilitando uma análise complementar ao de microscopia eletrônica de varredura.

Reagentes:

Fenol cristalizado .... 20 g

Azul de algodão (C.I. 42780)... 0,01 g

Ácido lático .... 20 ml

Glicerina .... 40 ml

Água destilada ....20 ml

Preparo:

1) Para o preparo da solução A, fundir o fenol separadamente na capela de exaustão e misturar o ácido lático, glicerina e a água destilada. Em seguida, dissolver o azul de algodão nessa solução e filtrar. Atualmente existem soluções prontas de azul de algodão em lactofenol (#61335 Sigma-Aldrich®), que coram bem secções de material infiltrado em historesina. Filtrar o corante antes de utilizar.

Procedimento:

1) Aplicar uma camada de base de esmalte incolor de boa qualidade na superfície da folha, na região inoculada com o fungo (Figura 13A-B) e aguardar de 10 a 20 minutos. Caso haja necessidade, aplicar uma segunda camada sobre a primeira e aguardar a secagem.

2) Remover a película do esmalte com auxílio de uma pinça de ponta fina (recomenda-se pinça de relojoeiro) (Figura 13C).

3) Corar a película com azul de algodão a 1% por 1 minuto em vidro de relógio (Figura 13D).

4) Lavar a película em água destilada por duas vezes durante 1 minuto em cada lavagem promovendo movimentos suaves (Figura 13E).

5) Montar em água destilada (Figura 13F).

Resultado: As estruturas fúngicas coram em azul e a impressão da epiderme da planta fica translúcida. Com essa técnica é possível verificar as etapas do processo infeccioso do fungo como a germinação (Figura 13G), a formação de apressório (Figura 13H), o crescimento do tubo germinativo (Figura 13I), bem como fazer a contagem de esporos germinados e de apressórios formados (Figura 13J).

Observação:

Marcas melhores de base de esmalte incolor geram películas mais estáveis e facilitam o manuseio após a remoção do molde. Não passar esmalte mais do que o necessário, pois pode gerar uma película espessa que dificulta a visualização do fungo. A película pode ser armazenada em lâminas montadas em água mantidas no escuro por alguns dias.

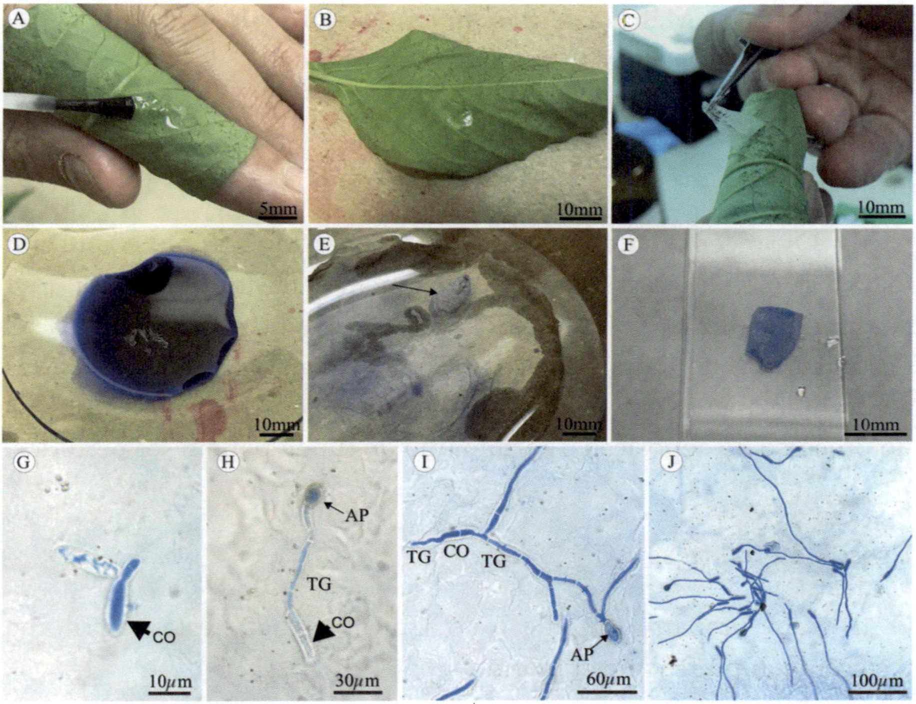

Figura 13. Etapas do preparo da película de esmalte para a visualização do fungo na superfície das folhas. **A**. Passar esmalte na superfície inoculada com o fungo. **B**. Aguardar a película de esmalte secar. **C**. Remover a película com o auxílio de uma pinça de ponta fina. **D**. Corar a película em azul de algodão. **E**. Lavar a película em água destilada. **F**. Montar a película entre lâmina e lamínula com água destilada. **G-J**. Etapas do desenvolvimento do fungo *Colletotrichum acutatum* sobre folhas de laranjeira doce (*Citrus sinensis* L.). **G**. Conídio (CO) germinando. **H**. Formação de apressório (AP) na extremidade do tubo germinativo (TG). **I**. Tubos germinativos originando-se de um conídio. **J**. Geminação e formação de apressórios a partir de diferentes conídios.

Método de clareamento seguido de coloração por azul de algodão

C.I. 42780
(Marques 2012)

O procedimento é recomendado para fungos que colonizam folhas. O método visa remover os pigmentos da folha permitindo a passagem da luz e a coloração do fungo, possibilitando a visualização das estruturas do fungo na planta. Como as amostras são submetidas ao borbulhamento em solução de clareamento, os primeiros estágios do processo de deposição e germinação do fungo podem ser perdidos.

Usos: Material fresco

O modo de preparo da solução de azul de algodão está descrito na técnica de impressão da epiderme.

Procedimento:

1) Coletar a região da planta inoculada ou a lesão de interesse e submergir imediatamente na solução de etanol 100%:ácido acético 99,7%:glicerina pura (3:1:1) previamente aquecida em placa (ver método de clareamento de Daudi & O'Brien (2012) (Figura 14A).

2) Verificar se houve o clareamento da amostra e lavar rapidamente em água destilada.

3) Corar com azul de algodão a 1% por 3-5minutos (Figura 14B).

4) Lavar em água destilada em vidro de relógio (Figura 14C).

5) Montar em água ou glicerina 60% (Figura 14D).

Resultado: Os tecidos da planta ficam translúcidos e as estruturas fúngicas coradas de azul (Figura14 E-G). A técnica possibilita visualizar o micélio na superfície da folha (Figura 14E), a presença de conidióforos e conídios (Figura 14F). Em maior magnificação, os estômatos da planta e diferentes estruturas do fungo podem ser observados (Figura 14G).

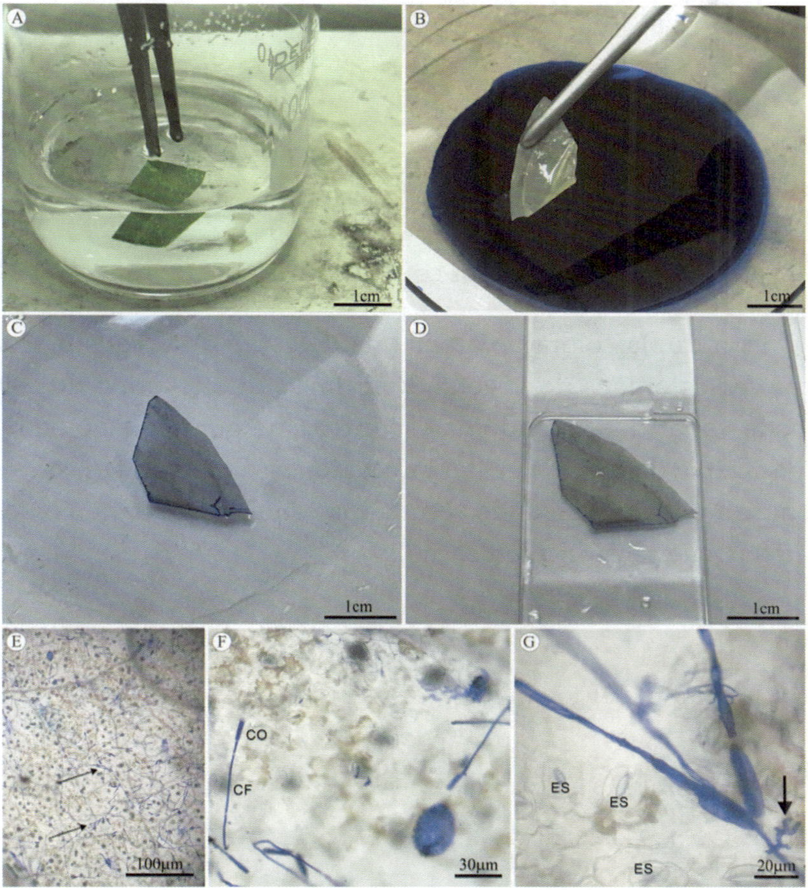

Figura 14. Etapas do processo de clareamento das folhas seguido pela coloração das estruturas fúngicas. **A**. Clareamento do limbo foliar em solução de etanol 100%:ácido acético:glicerina (3:1:1). **B**. Coloração do material diafanizado com azul de algodão. **C**. Amostras lavadas em água destilada. **D**. Montagem das amostras entre lâmina e lamínula com água destilada. **E**. Visão geral do micélio do fungo *Leveilulla taurica* (setas) na superfície abaxial da folha de pimentão (*Capsicum annuum* L.). **F**. Detalhe do conidióforo (CF) com conídio (CO) na sua extremidade. **G**. Seta indica a presença de corpos de adesão do fungo junto às células epidérmicas. ES = Estômatos.

Dupla coloração com safranina O e azul de algodão

C.I. 50240 e C.I 42780
(Marques et al. 2013)

Essa dupla coloração auxilia na detecção de fungos presentes em diferentes órgãos do vegetal. Ressalta-se que o tempo de coloração pode variar dependendo da espécie do fungo (tamanho da hifa e composição) e do tecido vegetal infectado. Esse método tem sido vastamente empregado, gerando resultados promissores para o entendimento da penetração e colonização.

Usos: Material incluído em historesina

Reagentes:

Safranina O..0,25 g

Água destilada ....100 ml

Preparo:

1) O modo de preparo da solução A (azul de algodão) está descrito na técnica de impressão da epiderme.

2) Na solução B, dissolver a Safranina O em água destilada.

Procedimento:

1) Colocar as lâminas na solução A e deixar por 5-7 minutos. No caso da solução de azul de algodão comercial pode se manter por 40 minutos em temperatura ambiente ou por 5 minutos em placa aquecedora. Após pingar o azul de algodão as secções devem ser recobertas com lamínula para prevenir a formação de precipitados.

2) Lavar 3 vezes com água destilada por 1 minuto para tirar o excesso do corante.

3) Corar com a solução B por 10 segundos.

4) Lavar 3 vezes com água destilada por 1 minuto para tirar o excesso do corante.

5) As lâminas podem ser montadas em água para análise prévia. Caso haja necessidade de preservação as lâminas podem ser secas e montadas em Entellan®.

Resultado:

O azul de algodão cora a quitina da parede celular dos fungos em azul e a safranina O cora a parede celular das plantas em vermelho (Figura 15A-B). Essa coloração tem se mostrado bastante útil para distinguir estruturas fúngicas dentro e fora das células vegetais (Figura 15B).

Observação:

Esse método pode ser feito com a aplicação dos corantes de modo separado, afim de testar o tempo de coloração. Soluções de corante velhas tendem a demorar para reagir.

Técnicas de fluorescência

A detecção de fungo utilizando lectinas conjugadas a fluoróforos possui algumas vantagens em relação ao método de dupla coloração em campo claro. Uma vantagem é que a lectina WGA (*Wheat Germ Aglutinin)* se liga especificamente nos resíduos de N-acetilglucosamina que compõe a quitina da parede fúngica. Além disso, ao adquirie a lectina pode-se optar por diferentes tipos de fluoróforos, os quais podem emitir diferentes comprimentos de onda podendo ser "contra corados" com outros fluoróforos de parede vegetal. Aqui será apresentado um método desenvolvido no LanVeg que visa distinguir a parede da célula vegetal e a parede do fungo. O método tem favorecido o estudo do processo de colonização dos fungos fitopatogênicos nos tecidos de diferentes hospedeiros.

Dupla Coloração com WGA-AF488 e Calcofluor White

(C.I. 40621)
(Navarro et al. 2019)

Usos: Material incluído em historesina

Reagentes:

Solução A1 (solução estoque):

Wheat Germ Agglutinin AlexaFluor 488 ....1 mg

Tampão fosfato 0,1M pH 7,2 ou água destilada.................1 ml

Solução A2 (solução de trabalho):

Solução A ....0,2 ml

Tampão fosfato 0,1M pH 7,2..0,8 ml

Solução B:

Calcofluor White ....0,01 g

Água destilada ....100 ml

Preparo:

1) Para preparar a solução A1, dissolver o WGA-AF488 no tampão, levar para centrifugar levemente e coletar somente o sobrenadante.

2) Para preparar a solução A2, diluir o sobrenadante da solução A1 em tampão fosfato.

3) A solução B deve ser preparada diluindo o calcofluor white na água destilada. Filtrar o corante antes do uso.

Procedimento:

1) Colocar na solução A2 e deixar por 30 minutos.

5) Lavar uma vez com tampão fosfato 0,1M pH 7,2 para tirar o excesso do corante.

6) Corar com a solução B por 1-2 minutos.

7) Lavar em água destilada.

8) Montar em água destilada e seguir para análise.

9) Para o WGA-AF488 utilizar o filtro GFP (Ex: 450-490 nm, Em: 500-550 nm) e para o Calcofluor White o filtro A4 (Ex: 340–380 nm, Em: 450–490).

Resultado:

As paredes da hifa do fungo fluorescem em verde com o WGA-AF488 e a parede celular em azul com o calcofluor (Figura 15C). Quando utilizado isoladamente, o calcofluor white também reage nos esporos do fungo.

Observação:

a) A solução-mãe pode ser estocada a -20 ºC por até um mês. Para armazenamento em curto prazo, adicionar azida sódica na concentração de 2 mM e estocar a 2-6 ºC. Proteger da luz e evitar repetir o descongelamento e congelamento.

b) Na etapa 2, a centrifugação visa eliminar as proteínas agregadas e reduzir a coloração de fundo não especifica.

c) Na etapa 3, testar várias diluições até conseguir diminuir o excesso de fluorescência do WGA AF488.

d) Caso inverta-se a sequência da coloração é provável que não haja a marcação, pois o Calcofluor também pode, em alguns casos, reagir com a parede do fungo.

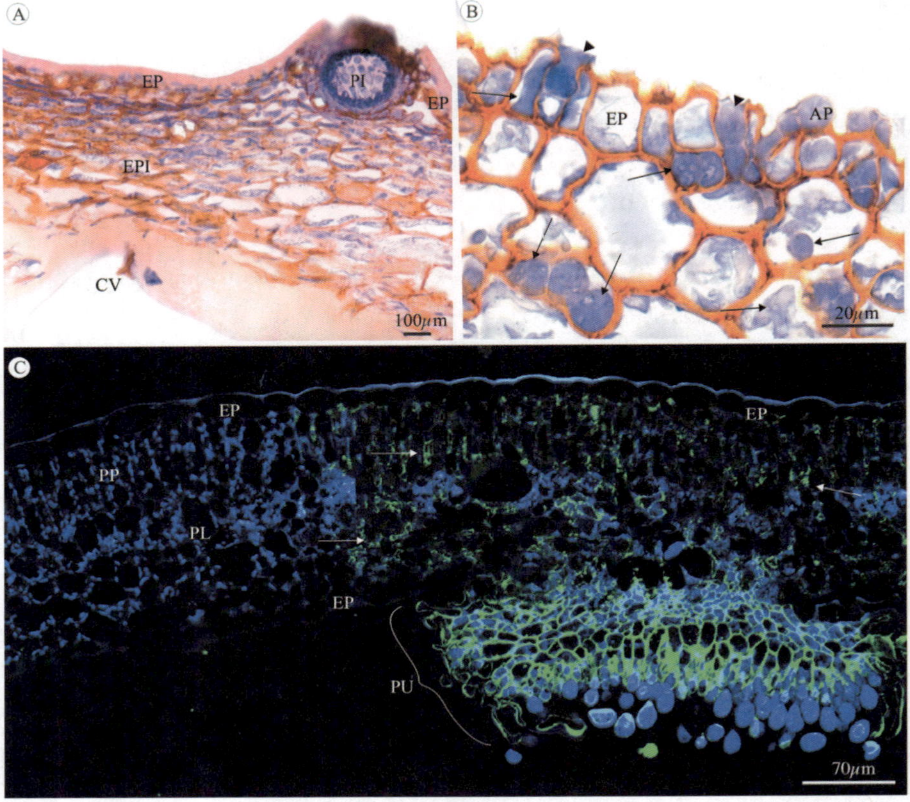

Figura 15. Teste com dupla coloração para detecção de estruturas fúngicas nos tecidos vegetais. **A-B** – Fotomicrografias obtidas após a coloração com azul de algodão e safranina O e analisadas em campo claro. **C** – Fotomicrografia obtida em microscópio de epifluorescência após coloração com calcofluor white e WGA-AF488. **A**. Secção da lesão pinta preta (sintoma de mancha dura) no fruto de laranjeira doce infectado pelo fungo *Guignardia citricarpa* causador da doença pinta preta dos citros. As estruturas fúngicas do fungo são observadas em azul no epicarpo. Notar que no picnídio as hifas também coram em azul. **B**. Secção da pétala inoculada com *Colletotrichum acutatum* causador da podridão floral dos

citros. O fungo em azul é observado nos espaços intercelulares (pontas de seta) e intracelularmente (setas). As paredes das células dos hospedeiros em A e B coram-se em vermelho-alaranjado **C**. Secção da lesão foliar causada por *Phakospora euvitis* causador da ferrugem da videira. As estruturas fúngicas coram-se em verde (setas) e as células vegetais em azul. Notar a distribuição do fungo ao longo do mesofilo. AP – Apressório; CV – Cavidade de óleo; EP – Epiderme; EPI – Epicarpo; PI – Picnídio; PL – Parênquima lacunoso; PP – Parênquima paliçádico; PU – Pústula.

Análise de fungos expressando GFP

As proteínas fluorescentes como a GFP (*Green Fluorescent Protein*) são sintetizadas mediante a sua expressão atrelada a genes constitutivos presentes nos organismos transformados. Nesse caso, a o fungo como um todo expressa a GFP, sendo possível localizá-la ao microscópio de epifluorescência (MF) ou confocal (MC). Por ser uma proteína, a GFP precisa ser analisada em células vivas, ou seja, sem que haja o processamento da amostra. Nosso foco aqui é apresentar um roteiro simples sobre como seccionar e montar as lâminas para analisar fungos e bactérias transformados. Caso haja o interesse do pesquisador em entender os procedimentos para a produção de microrganismos modificados é recomendada a consulta de laboratórios e centros de pesquisa especializados em transformação genética de microrganismos.

Procedimento:

1) Tecidos infectados por fungos devem ser seccionados em micrótomo de deslize ou à mão livre com auxílio de uma lâmina de barbear.

2) As secções devem ser depositadas em vidro de relógio contendo tampão fosfato 0,2M pH 7,2 imediatamente após a sua confecção.

3) Selecionar as secções mais finas e transferi-las para lâminas contendo tampão fosfato.

4) Cobrir com lamínula.

5) Analisar ao microscópio de fluorescência ou microscópio confocal.

Resultado:

Após os fungos serem transformados, deve-se verificar a emissão da fluorescência (Figura 16A). Em seguida, inocula-se o fungo expressando GFP no órgão vegetal de interesse e então observados com uso do filtro específico ao microscópio de fluorescência (Figura 16A) ou, com o laser de comprimento de onda específico, no caso da utilização do microscópio confocal. Microrganismos geneticamente modificados e que expressam GFP ou outra proteína fluorescente podem ser analisados *in vivo* sem a necessidade de corar o tecido (Figura 16B).

Observação: Sugere-se no momento do seccionamento, colocar um fundo escuro embaixo do vidro de relógio para visualizar melhor as secções. O GFP é uma proteína que possui em seu centro um fluoróforo com excitação máxima no comprimento de onda a 488 nm e emissão a 510 nm. No caso de se utilizar outras proteínas fluorescentes (YFP, RFP), estudar o comprimento de onda necessário para que haja a excitação máxima.

Atentar-se ao fato de os tecidos vegetais apresentarem autofluorescência em vários comprimentos de onda. Logo, a análise dos tecidos sem o fungo deve ser conduzida a fim de não haver uma interpretação errônea da distribuição do fungos nos tecidos vegetais.

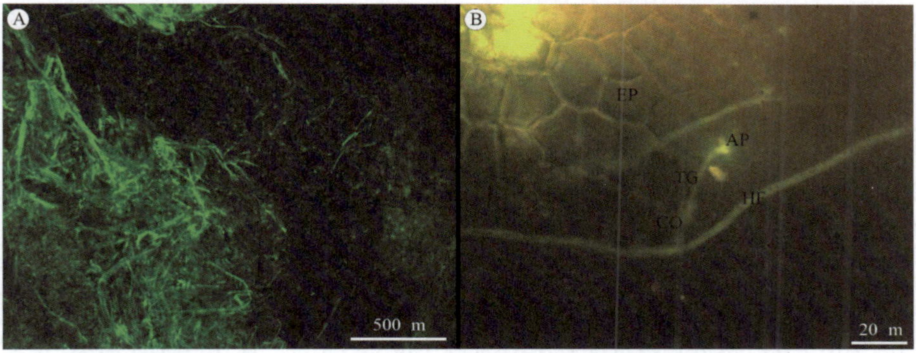

Figura 16. Fotomicrografias obtidas após análise ao microscópio de epifluorescência do fungo *Colletotrichum acutatum* (**A-B**) e da bactéria *Xanthomonas citri* (**C**) expressando a proteína verde fluorescente, em inglês, '*green fluorescent protein*' (GFP). **A**. Micélio e conídios do fungo. **B**. Conídio (CO), tubo germinativo (TG), apressório (AP) e hifas (HF) são observados na superfície da folha de laranjeira doce. AP – Apressório; CO – Conídio; EP – Epiderme; HF – Hifa; TG – Tubo germinativo.

MICROSCOPIA ELETRÔNICA

Fixação convencional para MEV

(Marques et al. 2018)

Usos: Material fixado em FAA ou Solução de Karnovsky

Procedimento:

1) Fixar as amostras por 24 horas em solução de Karnovsky

2) Desidratar em série etílica ou cetônica (10, 30, 50, 70, 90 e 100%, 15 minutos cada etapa), e, em seguida, secar pelo método do ponto crítico de CO_2 (Horridge & Tamm 1969).

3) Em seguida, as amostras são montadas em suportes de alumínio (stubs) e levadas ao metalizador onde recebem banho de vapor de ouro por 180 segundos.

4) Amostra pronta para análise ao MEV.

Resultado: As estruturas fúngicas como esporos podem ser facilmente observadas (Figura 17A).

Observação:

Ao longo da fixação e da desidratação evitar agitar os frascos para que a as estruturas do fungo permaneçam aderidas à superfície da amostra. A troca de soluções deve ser realizada com cautela e a deposição do álcool ou acetona nunca ser colocado diretamente sobre as amostras, mas na parede interna do recipiente.

Técnica do vapor de ósmio para microscopia eletrônica de varredura (MEV)

(May-De-Mio et. al. 2006)

Usos: Material fresco

Reagentes:

Solução A: Tampão cacodilato

Solução A1:

Cacodilato de sódio 4,28g

Água destilada .... 25 ml

Solução A2 (HCl 0,2N):

Ácido clorídrico .... 5 ml

Água destilada .... 95 ml

Preparo:

Verificar o pH da solução A1 e ajustar o pH para 7,4 com a solução A2.

Solução B:

Tetróxido de ósmio ....2 g

Àgua destilada previamente fervida .... 100 ml

Preparo:

Para dissolver os cristais de tetróxido de ósmio deve-se quebrar a ampola dentro de um frasco âmbar com água destilada em temperatura ambiente, fervida previamente. Esperar mais ou menos 15 a 24 horas antes de usar.

Procedimento:

1) As amostras são colocadas em placa de Petri contendo papel de filtro umedecido e um vidro de relógio contendo a solução A e B (1:1). Cobrir com papel alumínio e deixar na capela de exaustão ligada por 12 horas.

2) Após esse período, substituir pela solução B pura onde devem permanecer por mais 5 horas.

3) Decorrido esse tempo, retirar da solução B e secar ao ambiente por 30 minutos.

4) Em seguida, as amostras são montadas em suportes de alumínio (stubs) e levadas ao metalizador onde recebem banho de vapor de ouro por 180 segundos.

5) Amostra pronta para análise ao MEV.

Resultado:

As estruturas fúngicas como esporos podem ser facilmente observadas (Figura 17B). Porém, as estruturas da planta podem não ficar bem preservadas.

Observação:

Cuidado ao manusear o tetróxido de ósmio, pois é um produto extremamente cáustico e volátil. Deve ser manipulado em capela de exaustão e longe dos olhos, pois pode fixar a retina e mucosas. Para descartar o fixador usado, recomenda-se colocar em uma solução de etanol que, por sua vez, deverá ser descartada adequadamente.

Técnica de criofratura

(Razera et al. 2019)

A criofratura é uma técnica utilizada para se estudar a estrutura interna do vegetal infectado e da presença de fungos em seu interior. Ela é complementar à análise anatômica por gerar uma análise em profundidade e com maior poder de resolução devido à utilização da microscopia eletrônica de varredura.

Usos: Material fixado

Procedimento:

1) Fixação das amostras em solução de Karnovsky por 24 horas.

2) Após a fixação, as amostras são lavadas com tampão fosfato (2X 10min cada), e colocadas em meio com glicerina 30% (dissolvida em água), com finalidade de se evitar a formação de cristais de gelo (2 horas).

3) Após a glicerina, as amostras são mergulhadas em nitrogênio líquido e fraturadas (criofratura).

4) Lavam-se as amostras resultantes da criofratura em água destilada.

5) Série cetônica (10, 30, 50, 70, 90 e 100%), 15 min cada etapa.

6) Secagem pelo método do ponto crítico de CO_2.

7) Montagem sobre suportes de alumínio (STUBS).

8) Cobertura com uma camada de ouro de 30 a 40nm.

9) Amostra pronta para análise ao MEV.

Resultado:

As estruturas fúngicas como esporos, hifas inter e intracelulares podem ser facilmente observadas (Figura 17C).

Observação: O uso da criofratura deve ser feita com muita cautela e repetições para evitar que sejam descritos artefatos oriundos da fratura.

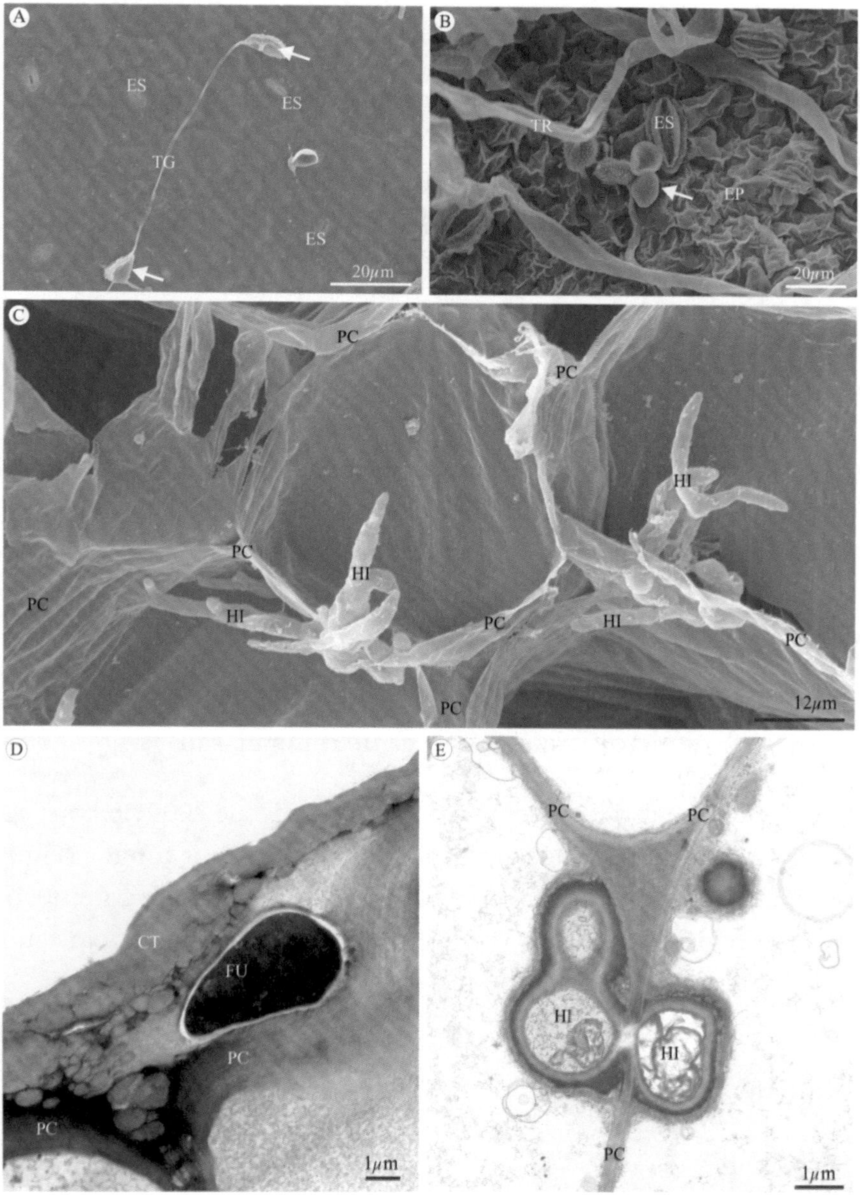
A
ES
ES
TG
ES
20μm
B
TR
ES
EP
20μm
C
PC
PC
HI
PC
HI
PC
HI
PC
HI
PC
PC
12μm
D
CT
FU
PC
PC
1μm
E
PC
PC
HI
HI
PC
1μm

Figura 17. Eletromicrografias de varredura (A-C) e de transmissão (D-E) ilustrando a interação fungo-planta em diferentes doenças. **A.** Folhas de cafeeiro *Coffea arabica* L. 'Catuaí vermelho' inoculadas com *Hemileia vastatrix* processadas pelo método convencional . **B**. Folhas de videira (*Vitis labrusca* L.) 'Niagara rosada' infectadas por *Phakopsora euvitis* analisadas após a técnica da fixação com vapor de tetróxido de ósmio. Observar os esporos do fungo intactos (seta) e as células epidérmicas plasmolisadas. **C.** Criofratura e análise ao microscópio eletrônico de varredura do sorus do carvão da cana-de-açúcar mostrando a infecção intracelular de *Sporisorium scitamineum* em células parenquimáticas de cana-de-açúcar (*Saccharum* spp.) **D**. Pétalas de laranjeira doce (*Citrus sinensis* L.) infectadas pelo fungo *Colletotrichum acutatum* com crescimento subcuticular. E. Células do parênquima de cana-de-açúcar (*Saccharum* spp.) infectadas pelo fungo *S. scitamineum*. CT – Cutícula; EP – Epiderme; ES – estômato; FU – Fungo; HI – Hifas intracelulares; PC – Parede celular; TG – Tubo germinativo ; TR – Tricoma.

Microscopia eletrônica de transmissão

A técnica abaixo descrita é empregada desde 2009 no LanVeg e tem gerado bons resultados em tecidos infectados por fungos (Figura 16C-D). O procedimento pode ser alterado dependendo da amostra. Tecidos infectados por fungos com profundas alterações parietais muitas vezes necessitam um tempo maior de infiltração.

Usos: Material fixado

Procedimento:

1) Fixar em glutaraldeído 2,5% em tampão cacodilato 0,2M pH7,2.

2) Lavar as amostras em tampão cacodilato (3x por 10 minutos).

3) Pós-fixar com tetróxido de ósmio 1% em água destilada, por 1-2 horas.

4) Lavar em água destilada (3x por 15 minutos).

5) Colocar as amostras em acetato de uranila 5% em água destilada *"overnight"*.

6) Lavar as amostras em água destilada (3x por 15 minutos).

7) Desidratar em série crescente de acetona 10, 20, 30, 40, 50, 70, 90, 100%, 100%, por 15 minutos em cada etapa.

8) Infiltrar nas etapas: resina Spurr e acetona 100% (2:1) por 3 horas; resina Spurr e acetona 100% (1:1) por 3 horas; resina Spurr 100% *"overnight"*.

9) Segue-se a polimerização da resina a 60°C por 48 horas.

10) Retirar os blocos e desbastá-los.

11) Fazer cortes semifinos.

12) Seccionar em ultramicrótomo e coletar as secções em telas de 300-400 mesh sem película ou com película de colódio**.

13) Para a contrastação, depositar as telas contendo as secções em gotas da solução de acetato de uranila 1-3% por 10 minutos, lavar em cinco gotas de água destilada e, em seguida, passar para o citrato de chumbo (Reynolds 1963) por 10-15 minutos. Lavar novamente em gotas de água destilada e secar ***.

Resultado:

O uso da microscopia eletrônica de transmissão é recomendado para análise da interação fungo-planta numa escala ultraestrutural. Apenas com essa técnica é possível verificar a formação do "peg" de penetração, "neck" haustorial, haustório, hifa intra ou intercelular ou ainda as respostas do vegetal ao patógeno. Ver eletromicrografias na Figura 17 C-D.

Observações:

a) * Cortes semifinos (pag. 51-52)

b) ** A película para recobrir as telas pode ser feita com solução de colódio 5% em acetato de amila EMS (CAS 628-63-7).

b) ***O acetato de uranila é tóxico e deve ser manipulado com cuidado na capela de exaustão. O citrato de chumbo sofre carbonatação com facilidade causando contaminações nas secções. Portanto, realizar a contrastação dentro de um ambiente fechado como uma placa de Petri com algumas pastilhas de hidróxido de sódio ou de potássio para absorver o dióxido de carbono do ambiente.

5

Detecção de bactérias

MICROSCOPIA DE LUZ

Devido ao seu tamanho, as bactérias fitopatogênicas são dificilmente observadas com técnicas usuais de microscopia de luz. Têm sido empregadas técnicas moleculares utilizando bactérias transformadas geneticamente e que expressam proteínas fluorescentes por meio da hibridização do material nuclear ou ainda por meio de imunomarcação. Para os métodos de marcação das bactérias por meios moleculares recomenda-se a fixação dos tecidos infectados com paraformaldeído 4% em tampão fosfato 0,2M pH 7,2. As análises das amostras assim preparadas devem ser feitas ao microscópio de epifluorescência ou confocal. Técnicas de preparo de amostras para análise ao microscópio eletrônico de transmissão também são recomendadas.

Hibridização *in situ* fluorescente

(Hilf et al. 2013)

Essa técnica consiste em detectar um segmento de DNA da bactéria de acordo com a confecção de uma sonda específica que contém um fluoróforo que irá hibridizar com o material genético da bactéria. Para a confecção da sonda fluorescente existem "kits" específicos como o das empresas Life® e Sigma-Aldrich®. A histolocalização de bactérias também pode ser feita pela imunomarcação utilizando-se anticorpos específicos, porém, a hibridização *in situ* fluorescente possui a vantagem de ser mais específica e sensível (Neves & Guedes 2012).

Usos: Material fixado

Procedimento:

1) Fixar o material em paraformaldeído 4% em tampão fosfato 0,2M pH 7,2, "*overnight*" a temperatura ambiente.

2) Desidratar em série crescente de etanol (70, 80, 95 e 100%), sendo duas trocas de uma hora em cada graduação.

3) Incubar em CitriSolv Fisher Scientific, Pittsburgh, PA *.

4) Transferir para parafina a 65°C.

5) Seccionar em micrótomo rotativo com 10 μm de espessura.

6) Colocar as secções em lâminas histológicas.

7) Incubar em CitriSolv e, em seguida, lavar em etanol 100, 95, 80 e 70% por 10 minutos em cada etapa e depois deixar secar ao ar livre.

8) Lavar em tampão fosfato e secar ao ar em temperatura ambiente.

9) Incubar em lisozima (0.5 mg/ml) em tampão (100 mM Tris-HCl e 5 mM EDTA, pH 8.2) em temperatura ambiente por 30 minutos.

10) Lavar 2-3 vezes em tampão fosfato.

11) Para a hibridização, as sondas marcadas com o fluoróforo são diluídas na concentração 1ng/µl no tampão de hibridização (0,9 M NaCl, 20 mM Tris-HCl, 0,01% SDS e 40% formamida) incubadas no escuro a 46°C por 2,5 h ou *"overnight"* em placa aquecedora ou em StatSpin ThermoBrite (IRIS).

12) O excesso da sonda deve ser removido com sucessivas lavagens de 15 minutos em tampão (0,9 M NaCl e 0,02 M Tris-HCl, pH 7,5) a temperatura ambiente.

13) Lavar as lâminas em água destilada e deixar secar ao ar livre.

14) As lâminas podem ser montadas em produtos que garantam uma maior vida dos fluoróforos como Prolong Gold anti-fade (Life Technologies). As lâminas são incubadas a 40 ºC *"overnight"*.

15) As análises devem ser conduzidas ao microscópio de epifluorescência ou confocal.

Resultado:

Depois de hibridizado, o material genético da bactéria fluoresce de acordo com o fluoróforo escolhido (ver Hilf et al. 2013).

Observação:

Em substituição ao CitroSolv, outros produtos podem ser utilizados como Histoclean® e xilol podem ser utilizados. Tomar cuidado ao usar o xilol, pois é extremamente tóxico e, portanto, deve ser manipulado dentro da capela de exaustão. Atentar-se para utilizar microscópios de epifluorescência que contenham os filtros ou microscópio confocal que possua linhas de laser específicas para excitar o fluoróforo utilizado na sonda.

Análise de bactérias expressando GFP

O uso de bactérias fluorescentes é muito útil para sua detecção nos tecidos vegetais. Assim como ocorre em fungos, podem ser utilizadas diferentes proteínas fluorescentes com verde, amarelo e vermelha. Essa variabilidade de tipos de proteínas é vantajosa para se determinar a presença dos micrórganismos nos tecidos, possibilitando a sua distinção da autofluorescência do vegetal. A Figura 18 ilustra a distribuição de bactérias geneticamente modificadas e expressando a GFP em tecidos foliares de citros. Seguir o mesmo protocolo para análise de fungos, visando o estudo de tecidos frescos.

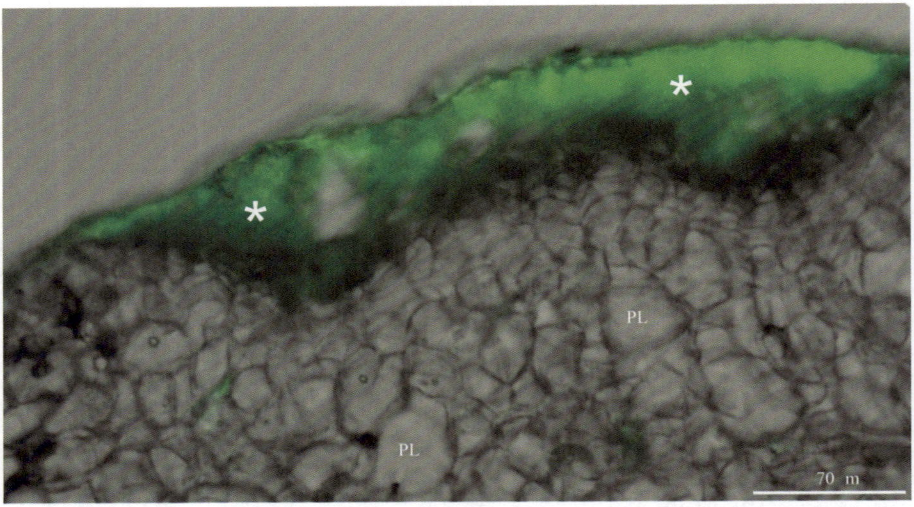

Figura 18. Fotomicrografias obtidas após análise ao microscópio de epifluorescência da bactéria *Xanthomonas citri* (**C**) expressando a proteína verde fluorescente, em inglês, '*green fluorescent protein*' (GFP) ao infectar tecidos foliares de *Citrus sinensis* L. Secção transversal da lesão foliar

causada pelo cancro cítrico. A bactéria fluoresce em verde (*) nesta sobreposição de imagem obtida em campo claro e em fluorescência (Filtro GFP ex: 488 nm; em: 510 nm). PL – Parênquima lacunoso.

MICROSCOPIA ELETRÔNICA

Microscopia eletrônica de transmissão

(Alves et al. 2009)

Usos: Material fixado

Procedimento:

1) Pequenos fragmentos de amostras são fixados na solução de Karnovsky modificada, isto é, o tampão fosfato foi trocado pelo tampão cacodilato (Karnovsky, 1965) por 24 horas.

2) Lavar em tampão cacodilato por três vezes durante 10 minutos.

3) Transferir para solução aquosa de tetróxido de ósmio 1% por uma hora a temperatura ambiente.

4) Lavar por duas vezes em água destilada por 15 minutos.

5) Passar para uma solução de acetato de uranila 0,5% *overnight* a 4 °C.

6) Desidratar em série crescente de acetona (30, 50, 70, 75, 80, 90, e 100%) por 10 minutos em cada etapa.

7) Infiltrar gradualmente em acetona/resina Spurr (30% por 8 horas, 70% por 12 horas e duas vezes em resina pura por 24 horas).

8) Colocar os materiais nos moldes com resina Spurr pura e polimerizar a 70 °C por 24 horas.

9) Seccionar em ultramicrótomo a 70 nm de espessura.

10) Contrastar com acetato de uranila e citrato de chumbo por 3 minutos em cada etapa.

Resultado:

O emprego da microscopia eletrônica de transmissão para a localização de bactérias tem sido essencial para compreender o local de ocorrência das mesmas (Alves 2003).

Observação:

Atentar-se para o tempo de polimerização, pois caso seja maior que 48 horas, os blocos podem ficar quebradiços. O tempo de permanência na solução pura da resina Spurr é variável.

6

Detecção de vírus

MICROSCOPIA DE LUZ

Para a observação das partículas virais individualizadas, cujo tamanho é da ordem de nanômetros, tem sido recomendada a análise ao microscópio eletrônico de transmissão. No entanto, os microscópios de epifluorescência (ME) e confocal (MC) têm sido úteis na localização dos vírus e, ou das inclusões virais nos tecidos vegetais. Para tais análises ao ME e MC, têm sido empregados anticorpos específicos primários que se ligam às proteínas da capa proteica viral e que são revelados com o uso de um anticorpo secundário conjugado a um fluoróforo. O material genético do vírus (DNA ou RNA) também pode ser detectado por meio da técnica de FISH (*fluorescent* in situ *hybridization*). Aqui serão abordados os principais procedimentos utilizados na imunomarcação de partículas virais.

Azure A

(C.I. 52005)
(Christie & Edwardson 1977)

O método descrito abaixo permite a observação em microscopia de luz de inclusões virais em células vegetais após coloração com Azure A. Para tanto, a escolha do tecido-alvo é crítica e a comprovação da presença do vírus por métodos moleculares é recomendada. As inclusões virais são dinâmicas, podendo se desenvolver ou degradar ao longo do tempo (Christie & Edwardson 1977). Além disso, as condições ambientais tendem a alterar a taxa do desenvolvimento das inclusões virais. Tecidos com severa necrose e clorose dificultam a detecção das inclusões virais, logo se deve analisar não apenas as áreas lesionadas, mas também as suas adjacências.

Usos: Material fresco.

Reagentes:

Azure A ....0,1 g

2-methoxietanol ....100 ml

Preparo:

Agitar até dissolver o corante e filtrar antes de usar.

Procedimento:

1) Colocar as secções para flutuar ou mergulhar na solução por 10-15

minutos.

2) Para remover o excesso do corante, colocar as secções numa solução de etanol a 95% por cerca de 30 segundos ou até o tecido ficar incolor.

3) Substituir a solução de etanol por 2-methoxietil acetato, a qual interrompe o processo de descoloração.

4) Remover cuidadosamente as secções e colocar em uma gota de Euparal (ASCO Laboratories, Manchester, England) sobre uma lâmina de vidro e cobrir com lamínula.

Resultado:

O resultado da coloração é apresentado na tabela 3. Para maiores informações sugere-se consultar a referência Christie & Edwardson (1977).

Calcomine orange e luxol brilliant green

CAS 71799-14-9 e C.I. 29156
(Christie & Edwardson 1977)

Usos: Material fresco

Reagentes:

Solução A:

Calcomine orange ....0,1 g

2-methoxietanol...10 ml

Solução B:

Luxol brilliant green..0,1 g

2-methoxietanol...10 ml

Solução C:

Solução A ....10 ml

Solução B ....10 ml

Água destilada...80 ml

Preparo:

Dissolver as soluções A e B em água destilada.

Procedimento:

1) Colocar as secções para flutuar ou mergulhar na solução C por 10-15 minutos.

2) Remover o excesso do corante (5-10 segundos) em etanol 95% por cerca de 30 segundos ou até o tecido ficar incolor.

3) Substituir o etanol 95% por 2-methoxietil acetato, o qual promove a descoloração.

4) Remover cuidadosamente as secções e colocar em uma gota de Euparal sobre uma lâmina de vidro e cobrir com lamínula.

Resultado:

O resultado da coloração é apresentado na tabela 3. Para maiores informações sugere-se consultar a referência Christie & Edwardson (1977).

Tabela 3. Resultados obtidos após a coloração dos constituintes celulares com Azure A (C.I. 52005) e com Calcomine Orange (C.I. 29156) e Luxol Brilliant Green (CAS 71799-14-9) (Orange-Green) segundo Christie e Edwardson (1977).

Constituintes celulares	Corantes	
	Azure A	Orange/Green
Parede Celular	Incolor	Amarelo-verde
Cromatina	Azul	Verde
Citoplasma	Incolor	Amarelo-verde
Cristais inorgânicos	Incolor	Incolor
Microcorpos e microcristais	Incolor	Verde
Nucléolo	Vermelho-violeta	Verde
Nucleoplasma	Incolor	Amarelo-Verde
Plastídeos	Incolor	Verde
Grânulos de amido	Incolor	Incolor
Inclusões	Vermelho-violeta (RNA) Azul (DNA)	Verde a marrom oliva

Hibridização *in situ* fluorescente

(Kliot et al. 2014)

O vírus pode ser detectado usando o método de "*fluorescent in situ hybridization*" - FISH e, nesse caso, o DNA ou RNA do vírus é localizado via hibridização do material nuclear baseado na confecção de uma sonda complementar onde os nucleotídeos são conjugados a fluoróforos. A sonda pode ser confeccionada no laboratório pelo uso de "kits" produzidos por diferentes empresas.

Usos: Secções longitudinais e transversais do tecido lesionado podem ser feitas à mão livre ou fixado.

Preparo:

1). Fixar em Carnoy "*overnight*" à temperatura ambiente. Se não for possível continuar o protocolo logo em seguida, as secções fixadas podem ser preservadas em etanol absoluto por vários dias ou até semanas à temperatura ambiente. Posteriormente, infiltrar em parafina conforme descrito no primeiro capítulo.

2) Lavar as secções em tampão de hibridação (20 mM Tris-HCl, pH 8.0, 0.9 M NaCl, 0.01% dodecil sulfato de sódio, 30% formamida) por três vezes durante um minuto em cada lavagem.

3) Hibridizar as secções com 500µl de tampão de hibridação suplementado com 10 pmol da sonda oligonucleotídica fluorescente que é complementar a uma sequência no gene viral. O alvo da sonda poderá ser o DNA ou RNA viral.

4) Lavar as secções em tampão de hibridação por três vezes durante um minuto em cada lavagem.

5) Montar as secções inteiras em lâminas com tampão de hibridação suplementado com DAPI (4′,6′-diamino-2-fenil-indol) (0,1 mg/ml em 1x PBS). Cobrir com lamínula e vedar com esmalte.

6) Analisar em microscópio de fluorescência ou confocal *.

Resultado:

A detecção do material genético do vírus somente será possível caso haja um estudo prévio para saber se o microscópio de epifluorescência possui os filtros específicos para excitar e emitir comprimento de onda na faixa do fluoróforo utilizado.

* O filtro ou laser a ser utilizado depende do fluoróforo presente na sonda.

MICROSCOPIA ELETRÔNICA

Microscópio eletrônico de transmissão

(Kitajima & Nome 1999)

Esse protocolo pode ser utilizado como rotina para a localização e análise de partículas virais. Com o uso dessa técnica é possível entender a morfologia das partículas virais ou das suas inclusões, bem como analisar as alterações ultraestruturais da célula vegetal causada pela presença do patógeno.

Usos: Amostras (1-3mm^2) fixadas em solução de Karnovsky.

Procedimento:

1) As amostras fixadas em solução de Karnovsky (primeiro capítulo) por pelo menos 24 horas e, em seguida, são lavadas em tampão cacodilato ou fosfato 0,05M por três vezes (10 minutos em cada lavagem); a escolha do tampão de lavagem depende do tampão utilizado na fixação.

2) Pós-fixar em tetróxido de ósmio 1% diluído no mesmo tampão da fixação por 30 a 2 horas no máximo. Realizar essa etapa na capela de exaustão, pois é um produto tóxico e volátil.

3) Lavar com água destilada por duas vezes (5 minutos em cada lavagem).

4) Caso seja utilizado o tampão cacodilato pode-se realizar a contrastação/pós-fixação com acetato de uranila 0,5% em solução "*overnight*".

5) Desidratar por 20 minutos em cada etapa da série crescente de acetona 30, 50, 70 e 90% e três lavagens em acetona 100%.

6) Infiltrar em resina Spurr e acetona pura (proporção de 1:1) durante 3 a 5 horas sob agitação.

7) Completar a infiltração com resina pura por uma noite. No caso de amostras com tecidos lenhosos, o tempo de infiltração pode ser estendido.

8) Colocar as amostras em moldes de silicone com resina pura e deixar para polimerizar na estufa a 50-70 °C por 48 horas.

9) Para a contrastação das secções ultrafinas ver a metodologia indicada para as análises ao MET para fungos fitopatogênicos.

Resultado:

As análises das amostras preparadas seguindo o protocolo acima descrito permitem elucidar os pormenores do processo infecção viral (Figura 19A-B), a forma do vírus, seu ciroplasma, bem como as alterações ultraestruturais das células vegetais infectadas.

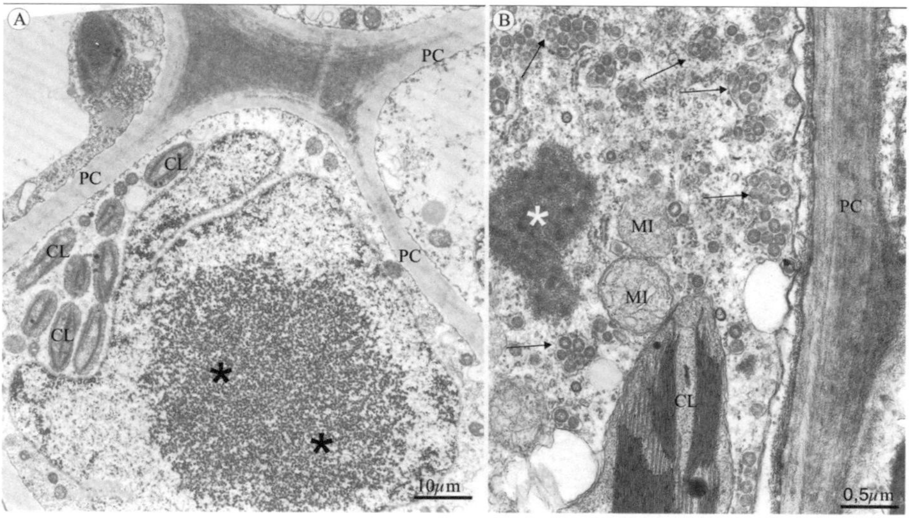

Figura 19. Eletromicrografias de transmissão. **A**. Secção de folha de tomateiro infectada pelo vírus do mosaico dourado (*Tomato golden mosaic virus*-TGMV). Parênquima do floema exibe em seu núcleo uma inclusão

formada por partículas do TGMV (*). **B**. Secção de célula do parênquima paliçádico de fumo, infectado pelo *Tomato spotted wilt virus*-TSWV. As partículas virais de 80-100 nm em diâmetro ocorrem no lume do retículo endoplasmático. Uma inclusão densa (*), formada por precursores da partícula viral (setas) ocorre nas proximidades. CL – Cloroplastos; MI – Mitocôndria; PC – Parede celular. (Imagens gentilmente cedidas pelo Prof. Elliot Watanabe Kitajima).

Referências

Agrios NG. 2005. **Plant Pathology**, 5th ed., Elsevier-Academic Press, Burlington. 635 p.

Alves E. 2003. ***Xylella fastidiosa*— adesão e colonização em vasos do xilema de laranjeira doce, cafeeiro, ameixeira, fumo e espécies de cigarrinhas vetoras e formação de biofilme sobre película de poliestireno**. Escola Superior de Agricultura "Luiz de Queiroz", Universidade de São Paulo. Tese de Doutorado.

Alves E, Leite B, Pascholati SF, Ishida ML, Andersen PC. 2009. *Citrus sinensis* leaf petiole and blade colonization by *Xylella fastidiosa*: details of xylem vessel occlusion. **Scientia Agricola** 66: 218-224.

Berlyn GP, Miksche JP. 1976. **Botanical microtechnique and cytochemistry**. Ames: Iowa State University, 326 p.

Cai C, Zhao L, Huang J, Chen Y, We C. 2014. Morphology, structure and gelatinization properties of heterogeneous starch granules from high-amylose maize. **Carbohydrate Polymers** 102: 606–614.

Camargo LEA. 2011. **Genética da Interação Patógeno-Hospedeiro**. In: Amorim L, Rezende JAM, Bergamin Filho A. (Org.). Manual de Fitopatologia: Princípios e Conceitos. 4ª ed. São Paulo: Editora Agronômica Ceres, v. 01, p. 119-132.

Chamberlain CJ. 1932. **Methods in plant histology**. 5th ed. The University of Chicago Press, Chicago. 416 p.

Christie, RG, Edwardson JR. 1977. Light and electron microscopy of plant virus inclusions. **Florida Agricultural Experiment Stations Monograph Series** 9. 155 p.

Cortelazzo AL, Vidal BC. 1991. Soybean seed proteins: detection *in situ* and mobilization during germination. **Revista Brasileira de Botânica** 14: 27-33.

Dai GH, Andary C, Mondolot-Cosson L, Boubals D. 1995a. Histochemical studies on the interaction between three species of grapevine, *Vitis vinifera, V. rupestris* and *V. rotundifolia* and the downy mildew fungus, *Plasmopara viticola.* **Physiology Molecular Plant Pathology** 46: 177-188.

Dai GH, Andary C, Mondolot-Cosson L, Boubals D. 1995b Histochemical responses of leaves of *in vitro* plantlets of *Vitis* spp. to infection with *Plasmopara viticola*. **Phytopathology** 95: 149-154.

Daudi A, O'Brien JA. 2012. **Detection of hydrogen peroxide by DAB staining in *Arabdopsis* leaves**. http://www.bio-protocol.org/e263.

David R, Card JP. 1964. Coloration différentielle des inclusions lipidiques et terpéniques des pseudophylles du ***Pin maritime*** au moyen du réactif Nadi. **Comptes Rendus Hebdomadaires des Séances de l'Académie des Sciences**, 258: 1338-1340.

Feder N, O'Brien TP. 1968. Plant microtechnique: some principles and new methods. **American Journal of Botany** 55: 123–142.

Figueiredo ACS, Barroso JMG, Pedro LMG, Ascensão L. 2007. **Histoquímica e citoquímica em plantas: princípios e protocolos**, Lisboa, 1st ed. Faculdade de Ciências da Universidade de Lisboa, Centro de Biotecnologia Vegetal. 68p.

Greenspan P, Mayer EP, Fowler SD. 1985. Nile Red: A selective fluorescent stain for intracellular lipid droplets. **The Journal of Cell Biology** 100: 965-973.

Haupt AW. 1930. A gelatin fixative for paraffin sections. **Stain Technology** 5: 97-98.

Hilf ME, Sims KR, Folimonova SY, Achor DS. 2013. Visualization of '*Candidatus Liberibacter asiaticus*' cells in the vascular bundle of citrus seed coats with fluorescence *in situ* hybridization and transmission electron microscopy. **Phytopathology** 103: 545–554.

Horridge GA, Tamm SL. 1969. Critical point drying for scanning electron microscopy study of ciliar motion. **Science** 13, 817–818. doi: 10.1126/science.163.3869.817

Hughes J, McCully ME. 1975. The use of an optical brightener in the study of plant structure. **Stain Technology** 50: 319-452.

Huxley HE, Zubay GJ. 1961. Preferential staining of nucleic acid-containing structures for electron microscopy. **The Journal of Biophysical and Biochemical Cytology** 11:273-296.

Johansen DA. 1940. **Plant microtechnique**. McGraw-Hill Company Inc., New York, 523 p.

Karnovsky MJ. 1965. A formaldehyde-glutaraldehyde fixative of high osmolality for use in electron microscopy. **Journal of Cell Biology** 27: 137-138.

Kitajima EW, Nome C. 1999. Microscopia electronica en virologia vegetal. In: Campo, DM, Lenardon SL (eds). **Métodos para detectar patógenos sistêmicos** p.59-87. Córdoba, IFFIVE/INTA.

Kliot A, Kontsedalov S, Lebedev G, Brumin M, Cathrin PB, Marubayashi JM, Skaljac M, Belausov E, Czosnek H, Ghanim M. 2014. Fluorescence in situ hybridizations (FISH) for the localization of viruses and endosymbiotic bacteria in plant and insect tissues. **Journal of Visualized Experiments,** 84:e51030, doi:10.3791/51030.

Kraus JE, Arduin M. 1997. **Manual básico de métodos em morfologia vegetal**. Editora Universidade Rural, Seropédica, Rio de Janeiro. 198 p.

Leite TF, Moon DH, Lima ACM, Labate CA, Tanaka FAO. 2013. A simple protocol for whole leaf preparation to investigate the interaction between *Puccinia psidii* and *Eucalyptus grandis*. **Australasian Plant Pathology** 42: 79-84.

Luna E, Pastor V, Robert J, Flors V, Mauch-Mani B, Ton J. 2011. Callose deposition: a multifaceted plant defense response. **Molecular Plant-Microbe Interactions** 24: 183–193.

Malinovsky FG, Fangel JU, Willats WGT. 2014. The role of the cell wall in plant immunity. **Frontiers in Plant Science** 5: 178.

Marques JPR, Freitas-Astua J, Kitajima EW, Appezzato-da-Gloria B. 2007. Lesões foliares e de ramos de laranjeira-doce causadas pela leprose-dos-citros. **Pesquisa Agropecuária Brasileira** 42: 1531-1536.

Marques JPR, Kitajima EW, Freitas-Astua J, Appezzato-da-Gloria B. 2010. Comparative morpho-anatomical studies of the lesions caused by citrus leprosis virus on sweet orange. **Anais da Academia Brasileira de Ciências** 82:501–511.

Marques JPR. 2012. **Podridão floral dos citros: histopatologia de *Colletotrichum acutatum*.** Escola Superior de Agricultura "Luiz de Queiroz", Universidade de São Paulo. Tese de Doutorado.

Marques JPR, Soares MKM, Appezzato-da-Glória B. 2013. New staining technique for fungal-infected plant tissues. **Turkish Journal of Botany** 37:784-787.

Marques JPR, Amorim L, Spósito MB, Appezzato-da-Glória B. 2016. Ultrastructural changes in the epidermis of petals of the sweet orange infected by *Colletotrichum acutatum*. **Protoplasma** 253:1233-1242.

Marques JPR, Appezzato-da-Glória B, Piepenbring M, Massola Jr NS, Monteiro-Vitorello CB, Vieira MLC. 2017. Sugarcane smut: shedding light on the development of the whip-shaped sorus. **Annals of Botany** 119:815-827. doi: 10.1093/aob/mcw169.

Marques JPR, Hoy JW, Appezzato-da-Glória B, Gutierrez AF, Vieira MLC, Baisakh N. 2018. Sugarcane cell wall-associated defense responses to infection by *Sporisorium scitamineum*. **Frontiers in Plant Science**, 9:698. doi.org/10.3389/fpls.2018.00698

May-De-Mio LL, Novaes QS, Alves E. 2006. Metodologias de preparação de amostras de ferrugem para estudos morfológicos de urediniósporos por meio de microscopia eletrônica de varredura. **Summa Phytopathologica** 32: 267-273.

Miller L. 1968. **Apostila do curso de microtécnica e fotomicrografia**. Escola Superior de agricultura "Luiz de Queiroz", São Paulo.

Mondolot L, Fisca PL, Buatois B, Talansier E, Kochko A, Campa. 2006. Evolution in caffeoylquinic acid content and histolocalization during *Coffea canephora* leaf development, **Annals of Botany**, Volume 98 :33-40.

Nakazono M, Qiu F, Borsuk LA, Schnable PS. 2003. Laser-capture microdissection, a tool for the global analysis of gene expression in specific plant cell types: identification of genes expressed differentially in epidermal cells or vascular tissue of maize, **The Plant Cell**. 15: 583-596

Navarro BL, Marques JPR, Appezzato-da-Glória, B, Spósito, MB. 2019. Histopathology of *Phakopsora euvitis* on *Vitis vinifera*. **European Journal of Plant Pathology** 154: 1185–1193.

Neves SMN, Guedes RMC. 2012. Hibridização *in situ* fluorescent: princípios básicos e perspectivas para o diagnóstico de doenças infecciosas em medicina veterinária. **Arquivos do Instituto Biológico** 79: 627-632.

O'Brien TP, Feder N, McCully ME. 1964. Polychromatic staining of plant cell walls by toluidine blue O. **Protoplasma** 59: 368–373.

Paiva EAS, Pinho SZ, Oliveira DMT. 2011**. Large plant samples: how to process for GMA embedding?** In: Chiarini-Garcia H, Melo RCN (eds) Light microscopy: methods and protocols. Humana Press, Totowa, pp 37–49.

Pascholati SF. 2011. **Fisiologia do parasitismo: como as plantas se defendem dos patógenos.** In: Amorim L, Rezende JAM, Bergamin Filho A. (Org.). Manual de fitopatologia: princípios e conceitos. 4 ed. São Paulo: Editora Agronômica Ceres, 2011, v. 01, p. 593-633.

Pearse AGE. 1968. **Histochemistry: theoretical and applied**, 3rd ed. Vol. 1, Little, Brown & Co: Boston. 768p.

Roshchina VV, Kuchin AV, Yashin VA, 2017. Application of autofluorescence for analysis of medicinal plants. **International Journal of Spectroscopy**, 2017: Article ID 7159609, 8 pages, 2017.

https://doi.org/10.1155/2017/7159609

Reynolds ES. 1963. The use of lead citrate at high pH as an electron-opaque stain for electron microscopy. **Journal of Cell Biology** 17: 208-212.

Ruzin SE. 1999. **Plant microtechnique and microscopy**: Oxford University Press: Oxford, New York, 322p.

Sakai WS. 1973. Simple method for differential staining of paraffin embedded plant material using toluidine blue O. **Stain Technology** 48: 247-249.

Santos DC, Gregório EA, Machado SR. 2007. **Microscopia eletrônica de transmissão aplicada à botânica**. Instituto de Biociências, UNESP, Botucatu, 36p.

Sarkamen KV, Ludwig CH 1971. **Lignins: ocurrence, formation, structure and reaction**. New York: Wiley p.165-230.

Sesso A. 2011. Fixação de sistemas biológicos. In: Souza, W. **Técnicas de microscopia eletronica aplicadas às ciências biológicas**. 3ª edição. Rio de Janeiro: Sociedade Brasileira de Microscopia Eletrônica. 357p.

Smith MM, McCully ME. 1978a. A critical evaluation of the specificity of aniline blue induced fluorescence. **Protoplasma** 95: 229-254.

Smith MM, McCully ME. 1978b. Enhancing aniline blue fluorescent staining of cell wall structures. **Stain Technology** 53: 7985.

Svendsen AB, Verpoorte R. 1983. **Cromatography of alkaloids**. Elsevier, New York. 550p.

Strasburger E. 1913. **Handbook of practical botany.** 7th ed. George Allen, London, 527p.

Talamond P, Verdeil JL, Conéjéro G. 2015. Secondary metabolite localization by autofluorescence in living plant cells. **Molecules** 20: 5024-5037.

Trese AT, Loschke DC. 1990. High contrast resolution of mycelia of pathogenic fungi in corn tissue after staining with calcofluor and destaining with cellulose. **Phytopatology** 80: 196-200.

Walters DR. 2011. **Plant defense: warding of attack by pathogens, herbivores, and parasitic plants**. Blackwell Publishing: Oxford . 248p.

Willats WGT, McCartney L, MacKie W, Knox JP. 2001. Pectin: cell biology and prospects for functional analysis. **Plant Molecular Biology** 47: 9–27.

Wu L, Wu H, Chen L, Zhang H, Gao X. 2016. Induction of systemic disease resistance in *Nicotiana benthamiana* by the cyclodipeptides cyclo (L-Pro-L-Pro) and cyclo (D-Pro-D-Pro). **Molecular Plant Pathology**.

18. https://doi.org/10.1111/mpp.12381